油气集输管道腐蚀图集

唐德志　张　雷　陈宏健　张维智　著

石油工业出版社

内 容 提 要

本书理论与典型现场实例相结合，详细介绍了油气集输管道常见的内腐蚀、外腐蚀及环境断裂的特征、发生环境、原因、主要影响因素，可为现场腐蚀失效识别提供借鉴。

本书可供从事腐蚀相关工作的技术人员、科研人员、管理人员，以及高等院校相关专业师生参考阅读。

图书在版编目（CIP）数据

油气集输管道腐蚀图集 / 唐德志等著. —北京：
石油工业出版社，2022. 1

ISBN 978-7-5183-5237-1

Ⅰ. ①油… Ⅱ. ①唐… Ⅲ. ①石油管道—腐蚀—图解
②天然气管道—腐蚀—图解 Ⅳ. ①TE988.2-64

中国版本图书馆CIP数据核字（2022）第019862号

出版发行：石油工业出版社
（北京安定门外安华里 2 区 1 号楼 100011）
网　　址：www.petropub.com
编 辑 部：（010）64523687　图书营销中心：（010）64523633
经　　销：全国新华书店
印　　刷：北京中石油彩色印刷有限责任公司

2022 年 1 月第 1 版　　2022 年 1 月第 1 次印刷
787 × 1092 毫米　开本：1/32　印张：4.75
字数：80 千字

定　价：40.00 元
（如出现印装质量问题，我社图书营销中心负责调换）

前言

油气集输管道管材类型多，输送介质复杂，运行工况多样，周边环境多变，内外腐蚀严重。据统计，腐蚀已成为威胁油气集输管道完整性最为重要的风险因素。失效识别与统计是支撑油气集输管道开展风险评价的重要基础工作之一，也是快速确定集输管道风险特征最为直接的手段，有利于及时采取有针对性的风险减缓措施，降低管道运行风险，提升本质安全。

油气集输管道面临的腐蚀影响因素多，腐蚀类型也多，内外腐蚀机理复杂，腐蚀失效总量大，现场识别难度高。本书可为现场腐蚀失效识别提供借鉴。

本书共三章，分别讲述了油气集输管道常见的内腐蚀、外腐蚀及环境断裂的特征、发生环境、原因、主要影响因素及典型现场腐蚀案例。第一章主要介绍了 CO_2 腐蚀、H_2S—CO_2 腐蚀、溶解氧腐蚀、细菌腐蚀、冷凝腐蚀、垢下腐蚀、冲刷腐蚀、焊缝腐蚀，以及其他腐蚀（如单质硫腐蚀、汞腐蚀、有机酸腐蚀）等常见的内腐蚀类型。第二章主要介绍了土壤腐蚀、保温层下腐蚀、阴极保护失效引起的腐蚀、补口腐蚀、电偶腐蚀、直流杂散电流腐蚀，以及交流杂散电流腐蚀等外腐蚀类型。第三章主要介绍了氯化物应力腐蚀开裂、硫化物应力腐蚀开裂与氢致开裂、土壤应力腐蚀开裂等常见的环境断裂类型。本书主要由唐德志组织收集资料并编写。本书的编写和腐蚀案例的收集得到了中国石油规划总院谷坛、李冰、付勇，北京科技大学杜艳霞，塔里木油田杨春林、王宏军，西南油气田郭宵雄，新疆油田邵克拉，辽河油田马汝彦、马海峰，大港油田李青、王玮，青海油田田彬、李本全、李春雨，长庆油田臧国军、李超，吉林油田马晓红、孔繁宇，浙江油田夏大林，中国石油大学（北京）姜子涛，常州大学董亮，以及中国海油研究总院、中国石化西北油田、安科工程技术研究院等单位专家的大力支持，在此表示感谢！

油气集输管道腐蚀影响因素多、涉及学科广，由于笔者知识有限，书中疏漏之处还望读者批评指正。为了反映集输管道腐蚀的实际情况，保留了现场原始照片，受现场条件所限，部分图片清晰度欠佳，望读者见谅。

目录

第一章　油气集输管道内腐蚀

油气集输管道内腐蚀主要是内部输送的油气水多相流动介质导致的。从肉眼可直观区分的腐蚀宏观形态上看，管道内腐蚀失效包括全面腐蚀减薄和局部腐蚀穿孔。前者是腐蚀的最常见形式，通过电化学反应在全部或部分暴露的金属表面上均匀进行，后者是金属表面某些部位的腐蚀速率远大于其余部位，导致局部区域出现严重腐蚀。从油气集输管道的腐蚀防护实践来看，全面腐蚀以均匀减薄形式出现，不会造成突发性事故，可在管道壁厚设计时通过留出足够的腐蚀裕量加以防护。与之相比，局部腐蚀仅局限或集中于管道某些特定部位，腐蚀穿孔事故通常在没有明显预兆迹象下突然发生，危害性较大。目前对于油气集输管道内腐蚀，特别是局部腐蚀的预测和防护仍存在较大困难。

在石油天然气工业中，集输管道内腐蚀既与管道里程、高程、时钟位置有关，也与输送介质及输送工艺相关。本章主要针对油气集输管道常见的内腐蚀类型及其特征进行阐述，以期为油气集输管道内腐蚀识别提供借鉴。

第一节 油气集输管道内腐蚀理论

油气集输管道输送工艺和介质复杂、内腐蚀影响因素众多，腐蚀发生发展机制类型多样。在管道轴向里程位置、环向时钟位置上，腐蚀的发生各具特点，多数情况下局部腐蚀的出现由多个因素或机制协同作用引起，使得内腐蚀失效类型的识别更为困难。

表 1–1 从管道类型、输送介质、腐蚀部位等角度对油气集输管道可能面临的内腐蚀失效类别进行了描述。

表 1–1 油气集输管道主要内腐蚀类型识别

管道类型	输送介质	腐蚀部位	腐蚀性介质	内腐蚀类型	参考案例索引
气管道	干气	弯头、三通、变径	CO_2	冲刷腐蚀	
	湿气	弯管或接头	CO_2、砂（高流速）	冲刷腐蚀	
				水相腐蚀①	案例 1–17
		管道顶部（内外温差段）	CO_2、H_2S、有机酸（低流速、层流）	冷凝腐蚀②	
		管道底部（高程低洼段）	CO_2、H_2S—CO_2 细菌	水相腐蚀	案例 1–17、案例 1–28
				细菌腐蚀	案例 1–21、案例 1–28

续表

管道类型	输送介质	腐蚀部位	腐蚀性介质	内腐蚀类型	参考案例索引
气管道	气液混输	管道顶部（内外温差段）	CO_2、H_2S、有机酸（低流速、层流）	冷凝腐蚀	
		管道中部（气液界面）	CO_2、H_2S（层流）	水线腐蚀[3]	
		管道底部（高程低洼段）	CO_2、H_2S—CO_2、细菌（低流速）	水相腐蚀	案例 1–13、案例 1–15、案例 1–16
				细菌腐蚀	
油管道	净化原油	管道底部（高程低洼段）	CO_2、H_2S—CO_2 细菌（低流速）	水相腐蚀	案例 1–3
				细菌腐蚀	
				垢下腐蚀	案例 1–32、案例 1–40
	油气水多相流混输	管道顶部	CO_2、H_2S、有机酸（层流）、细菌	冷凝腐蚀	案例 1–18
				细菌腐蚀	案例 1–25、案例 1–26
		管道中部（油水界面）	CO_2、H_2S（层流）	水线腐蚀	案例 1–30、案例 1–42
		管道底部	CO_2、H_2S（层流、低流速）	水相腐蚀	案例 1–14、案例 1–19、案例 1–27、案例 1–29、案例 1–31、案例 1–41
				细菌腐蚀	案例 1–24、案例 1–27、案例 1–29、案例 1–35、案例 1–42
				垢下腐蚀	案例 1–29、案例 1–31、案例 1–35

续表

管道类型	输送介质	腐蚀部位	腐蚀性介质	内腐蚀类型	参考案例索引
油管道	油气水多相流混输	弯头	CO_2、砂（段塞流或高流速）	冲刷腐蚀	案例 1–1、案例 1–2、案例 1–6
		全时钟位置	CO_2、H_2S—CO_2	全面腐蚀	案例 1–11
				水相腐蚀	案例 1–12
水管道	掺稀/掺水	水相接触部位	细菌、CO_2 H_2S、O_2	细菌腐蚀	
				水相腐蚀	案例 1–44
				单质硫腐蚀[④]	
	注水	水相接触部位	生产水（含 CO_2、H_2S、细菌）	水相腐蚀	
				细菌腐蚀	案例 1–22
			水源水（含 O_2、细菌）	细菌腐蚀	
				溶解氧腐蚀	
				冷凝腐蚀	案例 1–43
			生产水—水源水混合	垢下腐蚀	案例 1–39
				细菌腐蚀	
		弯管、三通、接头	O_2、细菌	冲刷腐蚀	案例 1–4、案例 1–5
	污水	水相接触部位	CO_2、H_2S、O_2、细菌	水相腐蚀	案例 1–36、案例 1–37、案例 1–38
				细菌腐蚀	案例 1–20、案例 1–33、案例 1–38
		弯管、三通、接头	CO_2、H_2S、O_2	垢下腐蚀	案例 1–34
		旁通段、死水段	CO_2、H_2S O_2、细菌	垢下腐蚀、细菌腐蚀	

续表

管道类型	输送介质	腐蚀部位	腐蚀性介质	内腐蚀类型	参考案例索引
焊缝连接	各种介质	环焊缝位置	CO_2、H_2S O_2、细菌	焊缝腐蚀	案例 1–5、案例 1–7、案例 1–8、案例 1–9、案例 1–10、案例 1–23、案例 1–34、案例 1–39

①水相腐蚀包括 CO_2 腐蚀、H_2S 腐蚀、H_2S—CO_2 腐蚀、CO_2—Cl^- 腐蚀、CO_2—O_2 腐蚀，即管道中积液段、游离水相、连续水相发生的腐蚀。

②冷凝腐蚀又称顶部腐蚀。

③水线腐蚀包括气水两相界面、油水两相界面处沿界面形成的串珠状连续蚀坑。层流状态下集输管道位于两相界面处的介质环境十分复杂，介质浓度梯度及流体力学特性使界面处往往遭受严重的局部腐蚀。

④单质硫腐蚀又称元素硫腐蚀，是高含硫油气介质中的单质硫相、H_2S 与 O_2 反应形成的单质硫，附着于金属管壁引起的腐蚀。

如表 1–1 所示，管道内腐蚀的表现形式众多，其在管道环向上的腐蚀位置通常与高程、介质状态、时钟位置和焊缝位置有关。例如，对于水平铺设的管道，当管道高程变化较大时，腐蚀易发生在低洼段位置。对于湿天然气管道，由于管道内外温差，腐蚀可能发生在管道顶部出现凝结水的位置。油气水多相混输时，两相界面处可能成为腐蚀的集中区域。由于材质、表面状态的变化，焊缝连接处也成为管道内腐蚀的高发位置。对于输气管道而言，若输送介质为干天然气，管道内腐蚀风险相对较小。若输送介质为湿天然气，管道顶部可能出现冷凝腐蚀，管道底部可能由于积液出现水相腐蚀。多数情况下，管道内腐蚀由多个因素或者机制协同产生。例如，管道底部发生腐蚀，首先是由于管道底部存在积水，提供了腐蚀的环境；其次，存在能够引起腐蚀的介质，如 CO_2 或 H_2S；再次，管道底部细菌滋生、垢沉积等，提供了更加适合局部腐蚀发展的环境，造成细菌腐蚀、垢下腐蚀；最后，腐蚀控制措施的失效，如缓蚀剂有效性下降，导致腐蚀无法受到抑制而持续发展。

一、CO_2 腐蚀

1. CO_2 腐蚀的特征

对于碳钢和低合金钢的 CO_2 腐蚀，其形貌主要以均匀腐蚀和局部腐蚀为主，局部腐蚀随腐蚀环境的差异可以表现为点蚀形态、台地腐蚀形态、蜂窝状腐蚀形态。其中，CO_2 腐蚀导致的均匀腐蚀可能发生于全管段、全时钟位置，管道壁厚均匀减薄。点蚀的形貌特征表现为管道内表面局部区域出现向壁厚纵深方向发展的蚀坑或蚀孔。台地腐蚀蚀坑面积较大、深度较浅，典型形貌为蚀坑底部较大较平，蚀坑边缘较为陡峭。

2. CO_2 腐蚀的发生环境与机理

对于碳钢和低合金钢管道，干燥的 CO_2 一般没有腐蚀性，但当伴生或回注的 CO_2 气体溶于水形成 H_2CO_3，则可能会对油气集输管线造成严重的腐蚀。CO_2 腐蚀引起的点蚀通常发生于低流速的环境下，点蚀的敏感性随温度和 CO_2 分压增加而改变。台地腐蚀和蜂窝状腐蚀多发生于流动介质条件下，是 CO_2 腐蚀导致集输管道失效穿孔最具危害性的一种情况。

从本质上讲，碳钢的 CO_2 腐蚀过程是一系列的化学反应过程、电化学反应过程和传质过程相互影响相互作用的结果。

化学反应过程为 CO_2 腐蚀的主要腐蚀产物 $FeCO_3$ 在电极表面的形成与沉积。一般认为碳钢在 CO_2 水溶液中的阳极过程主要是铁的阳极溶解反应：

$$Fe \longrightarrow Fe^{2+}+2e \quad (1-1)$$

CO_2 腐蚀的阴极反应主要为析氢反应，不仅包括 H^+ 的还原，还包括 H_2CO_3、H_2O 和 HCO_3^- 在电极表面的还原：

$$2H^{+}+2e \longrightarrow H_2 \quad (1-2)$$

$$2H_2CO_3+2e \longrightarrow H_2+2HCO_3^- \quad (1-3)$$

3. CO_2 腐蚀的影响因素

多相流介质中的 CO_2 腐蚀涉及电化学、流体力学、腐蚀产物膜形成的动力学等领域，因而其影响因素很多，除了材料因素外，环境因素主要包括温度、CO_2 分压、流动状况、介质组成、原位 pH 值等。

温度是 CO_2 腐蚀最主要的影响因素。温度影响介质中 CO_2 的溶解度，介质中的 CO_2 浓度随温度的升高而减小；温度影响腐蚀过程中阳极和阴极的反应速率和物质的传输速度；温度也影响腐蚀产物膜的成膜机制。在较低的温度下（大于 40℃），材料表面不形成保护性腐蚀产物膜，随着温度的升高，腐蚀速率逐渐增加。在中温区，腐蚀速率加快，腐蚀产物膜容易剥落，易产生局部腐蚀。在高温区（小于100℃），较高温度利于具有保护性的腐蚀产物膜形成，腐蚀速率反而减小。一般认为，在油气集输工况下 CO_2 腐蚀出现局部腐蚀的敏感温度区间为 60 ～ 80℃。

CO_2 分压（p_{CO_2}）的大小直接影响腐蚀速率的快慢。目前，在油气工业中根据 CO_2 分压判断 CO_2 腐蚀程度的经验规律为：当 $p_{CO_2} < 0.021MPa$ 时，CO_2 腐蚀较轻微；当 $0.021MPa < p_{CO_2} < 0.21MPa$ 时，发生中等腐蚀；当 $p_{CO_2} > 0.21MPa$ 时，发生严重的腐蚀。

介质的流型、流态对 CO_2 腐蚀速率的影响与腐蚀产物膜的力学性能密切相关。流速对 CO_2 腐蚀的影响较为复杂，高的流速加速反应物的传输过程，而且介质的切向作用力会阻碍腐蚀产物膜的形成或对已形成的保护膜有破坏作用，导致严重的局部腐蚀。

水介质化学组成也对 CO_2 腐蚀造成影响，介质中 Cl^-、Ca^{2+}、Mg^{2+} 的浓度影响材料表面腐蚀产物的形成和特征，从而影响腐蚀速率和局部腐蚀敏感性。输送工况下，水介质中的原位 pH 值直接影响 CO_2 腐蚀速率。

二、H_2S—CO_2 腐蚀

1. H_2S—CO_2 腐蚀的特征

在含 H_2S 酸性油气田中，H_2S—CO_2 腐蚀规律较为复杂。H_2S 含量较低时，腐蚀形态以均匀腐蚀为主，H_2S 含量较高时，则可能出现以蚀坑为主的局部腐蚀形貌。

2. H_2S—CO_2 腐蚀的发生环境与机理

H_2S 极易溶于水和原油。H_2S 一旦溶于水便立即电离呈酸性，会对油气田碳钢集输管道造成损害。

碳钢和低合金钢的 H_2S 腐蚀阳极反应，主要为铁在酸性溶液中的溶解。一般为：

$$Fe(s) \longrightarrow Fe^{2+}(aq) + 2e \quad (1\text{–}4)$$

或

$$Fe(s) + H_2S(aq) \longrightarrow FeS(aq) + H_2(g) \quad (1\text{–}5)$$

H_2S 腐蚀的阴极反应为 H_2S、HS^- 和 H^+ 的一系列去极化过程，进而产生 H_2。

$$H^+ + e \longrightarrow H \quad (1\text{–}6)$$

$$H_2S + e \longrightarrow H + HS^- \quad (1\text{–}7)$$

$$HS^- + e \longrightarrow H + S^{2-} \quad (1\text{–}8)$$

H_2S 腐蚀总的反应机制为阳极区 Fe 逐步溶解，生成 Fe^{2+} 进入溶液中，与 H_2S 反应生成 FeS。同时，H_2S 电离产生的 H^+ 在阴极区结合产生 H_2 逸出。由于 H_2S 的毒化作用阻碍了 H 的结合，金属表面生成 H_2 的速率大幅度降低，一部分 H 在金属基体内部扩散。

H_2S 与 CO_2 共存条件下，二者的腐蚀机理存在竞争与协同效应。H_2S 不仅造成应力腐蚀开裂，而且对电化学减薄腐蚀也有很大影响。虽然对减薄腐蚀 CO_2 的腐蚀性比 H_2S 强，但是一旦 H_2S 出现，又往往起控制作用。由 H_2S 腐蚀产生的硫化物膜对于钢铁基体具有较好的保护作用，所以当 CO_2 介质中含有少量 H_2S 时，腐蚀速率有时反而有所降低，当

CO_2 和 H_2S 共存时，一般来说，H_2S 控制腐蚀的能力较强。H_2S 的存在既能通过阴极反应加速 CO_2 腐蚀，又能通过 FeS 沉淀减缓腐蚀。

3. H_2S—CO_2 腐蚀的影响因素

H_2S—CO_2 腐蚀的影响因素主要包括材料本身性能、环境因素、缓蚀药剂的影响。当存在少量 H_2S 时，会与其他环境因素，如温度、流速、CO_2 分压等发生交互作用，通过影响腐蚀产物膜的成分、结构及完整性，从而对腐蚀形态和腐蚀速率产生影响。

1）H_2S、CO_2 含量及其分压比

H_2S 含量会显著影响腐蚀速率和腐蚀形态，其影响取决于钢表面腐蚀产物及沉积物的结构和组成。钢表面生成 FeS 膜或 $FeCO_3$ 膜情况不同，H_2S 的作用形式也不同。H_2S 浓度对腐蚀产物 FeS 膜具有影响。当系统中同时存在 CO_2 和 H_2S 时，用 p_{CO_2}/p_{H_2S} 可以大致判定腐蚀是 H_2S 还是 CO_2 起主要作用。

2）温度的影响

温度对 H_2S—CO_2 腐蚀的影响主要体现在以下 3 个方面：温度升高使气体（CO_2 或 H_2S）在介质中的溶解度降低，抑制了腐蚀的进行；温度升高，各反应进行的速度加快，促进了腐蚀的进行；温度升高影响了腐蚀产物的成膜机制，使得膜有可能抑制腐蚀，也可能促进腐蚀，视其他相关条件而定。

总的来看，$H_2S—CO_2$ 共存条件下的腐蚀，远比 H_2S 或 CO_2 单独存在时复杂得多。在 $H_2S—CO_2$ 共存条件下，两种气体共同参与腐蚀反应的阴极过程，二者产生强烈的交互作用，类似于一种竞争关系。H_2S 和 CO_2 之间的这种交互作用和竞争关系给碳钢腐蚀速率、腐蚀形态、开裂风险的预测带来很大的困难。

三、溶解氧腐蚀

由地层中采出的石油、天然气和地层水中一般不含氧，但管道内部仍能发现溶解氧引起的内腐蚀，这些 O_2 一般来自注入的液体，如注水或污水，或地面管线中可能接触空气的情况。对于注水管线，水源中可能含有部分溶解氧。注入化学药剂时，如未充分除氧，醇类水合物抑制剂时容易将 O_2 带入油气管道系统中。分离和存储等环节中的低压工艺设施，若操作不当，可能混入空气，从而将 O_2 带入工艺系统，如脱盐系统、储罐及分离器检修等。对于减氧空气驱等气驱或其他提高采收率措施，或修井、试压、扫线等作业，若控制不当，则可能引发溶解氧腐蚀。

溶解氧腐蚀主要以均匀腐蚀和严重的管壁减薄为主，并伴有铁的氧化物、氢氧化物腐蚀产物。O_2、CO_2、H_2S 在管道内腐蚀中，O_2 是三种腐蚀剂中最具腐蚀性的气体。O_2 腐蚀是氧去极化腐蚀，其阴极过程如下：

酸性溶液：

$$O_2+4H^++4e \longrightarrow 2H_2O \quad (1-9)$$

碱性溶液：

$$O_2+2H_2O+4e \longrightarrow 4OH^- \quad (1-10)$$

溶解氧在极小浓度的情况下也可以导致严重的腐蚀，如果存在溶解的 H_2S 和 CO_2，即使微量的溶解氧也会剧烈地增加其腐蚀性。对于溶解氧腐蚀，温度、溶解氧含量是影响其腐蚀严重程度的主要因素。

四、细菌腐蚀

1. 细菌腐蚀的特征

参与腐蚀的微生物主要是细菌类，因而微生物腐蚀也称为细菌腐蚀。在微生物腐蚀中，硫酸盐还原菌（SRB）是引起金属腐蚀的主要微生物。实际工况下 SRB 腐蚀形貌多为高度的局部点蚀，去除表面腐蚀产物后，金属表面保护膜脱落，呈现光亮活性的表面，蚀坑是开口的圆孔，纵切面呈锥形，孔内部是许多同心圆环或阶梯形的圆锥。

2. 细菌腐蚀的发生环境与机理

注水管道、输油管道、油气设施在试压、试运行过程中若使用未经处理的水，可能导致管道发生细菌腐蚀。SRB 代谢过程中需要水及水中的矿物质和有机质，并具有适合其生长繁殖的温度和 pH 值范围，大多数的油气管道生产环境的含水率、温度、pH 值适宜 SRB 滋生。

一般认为，SRB 引起的细菌腐蚀可用阴极去极化理论解释。其腐蚀反应为：

阳极反应：

$$4Fe \longrightarrow 4Fe^{2+}+8e \tag{1-11}$$

阴极反应：

$$8H^{+}+8e \longrightarrow 8H \tag{1-12}$$

硫酸盐还原菌阴极去极化作用为：

$$SO_4^{2-}+8H \longrightarrow S^{2-}+4H_2O \tag{1-13}$$

水的分解：

$$8H_2O \longrightarrow 8H^{+}+8OH^{-} \tag{1-14}$$

反应产物：

$$Fe^{2+}+S^{2-} \longrightarrow FeS \tag{1-15}$$

$$3Fe^{2+}+6OH^{-} \longrightarrow 3Fe(OH)_2 \tag{1-16}$$

总反应式为：

$$4Fe+SO_4^{2-}+4H_2O \longrightarrow FeS+3Fe(OH)_2+2OH^{-} \tag{1-17}$$

细菌腐蚀是一个非常复杂的问题，一方面是由细菌本身的属性所决定的，另一方面腐蚀往往在复杂的介质环境中发生，涉及与砂、流动介质、缓蚀剂等的耦合。

五、冷凝腐蚀

在湿气输送过程中，由于管外环境温度低于管内湿气温度，湿气中含有的饱和水蒸气在管道顶部内壁发生冷凝。与此同时，湿气中的酸性气体（CO_2、H_2S 及有机酸等）溶解于管道顶部冷凝水中，导致管道顶部发生腐蚀。

湿气管道的冷凝腐蚀主要发生在管道可能向外部环境

快速交换热量的某些特殊区域，主要包括：（1）距离井口或泵站几千米范围内的管道，根据保温层的品质不同，受顶部腐蚀影响的管道长度有所差异；（2）湿气输送管道或多相流输气管道的平流段，输送的气体与外界环境有一定的温差，如被海水、河水和冷空气冷却的部位；（3）缺乏良好的热绝缘层，部分埋入海床的海底平铺输气管道；（4）缺乏良好的热绝缘层，部分埋入地下的平铺管道；（5）管道上热绝缘层缺失或部分遭到破坏的区域；（6）埋地管道由于交叉或其他原因造成的拱起。

冷凝腐蚀涉及三个同时进行的过程：冷凝过程、冷凝水中的化学反应和腐蚀过程。冷凝水中的化学反应和腐蚀过程的反应机理与典型的 CO_2 腐蚀和 H_2S—CO_2 腐蚀并无区别，主要差异在于冷凝过程中冷凝物（包括水蒸气、乙二醇蒸气、可冷凝天然气等）不断冷凝对冷凝液的化学成分具有持续更替作用，导致管道顶部冷凝液的化学成分不同于管道底部溶液成分。因此冷凝速率和冷凝液成分对冷凝腐蚀的影响尤为重要。

冷凝腐蚀的主要影响因素包括：温度、冷凝速率、介质流速、CO_2 分压、H_2S 含量、腐蚀介质成分等。

六、垢下腐蚀

垢下腐蚀是由于输送介质在管道内壁形成垢或沉积物，在垢层下方形成的严重局部腐蚀。通常发生在易结垢、低流速、清管频率较低的管道中。

引起垢下腐蚀的沉积物主要包括无机盐沉积、有机盐沉积或有机—无机的混合沉积层。其中，无机盐沉积包括腐蚀产物（如硫化亚铁、碳酸亚铁、铁的氧化物）、碳酸钙、硫酸钡等结垢型的沉积物。有机盐沉积主要为原油中的沥青、蜡等介质，或微生物代谢活动形成的生物膜、胞外聚合物、代谢产物、生物结痂、生物污泥等。

引起垢下腐蚀的原因是沉积层改变了局部的腐蚀环境，沉积处产生闭塞电池作用和局部环境酸化，可能导致垢层下方的金属与其他部位存在电位差，加速腐蚀，又或影响缓蚀剂效率，使缓蚀剂无法接触管壁或达不到有效浓度。垢下腐蚀的影响因素主要包括固体颗粒组成、流体腐蚀性、沉积特性、沉积速率和沉积厚度等。

七、冲刷腐蚀

冲刷腐蚀是腐蚀性介质高速冲击的结果，金属表面往往呈现沟槽、凹谷泪滴状及马蹄状，表面光亮并无腐蚀产物积存，与流向有明显的依赖关系。

冲刷腐蚀与介质流动状态、流速、是否含砂等密切相关，通常发生在弯头、三通、变径等位置，在改变流体方向、速度和增大湍流的部位比较严重。

冲刷腐蚀的机理可以用流体的力学作用对材料造成损伤的机制或流体的力学作用加速材料表面的腐蚀过程的机制来进行描述。一方面，随流速增加，腐蚀介质到达管壁表面的速度增加，腐蚀产物离开金属表面的速度增加，因而腐蚀速率加快。另一方面，当流速增加促使液体达到湍流状态时，湍流液体能击穿紧贴金属表面的几乎静止的边界层，并对金属表面产生很高的切应力。流体的切应力能剥除金属表面的保护膜，因而使腐蚀速率提高。在管道内部截面突然变化或方向突然改变的地方，往往呈湍流状态，造成严重的局部腐蚀，使管壁迅速减薄。

冲刷腐蚀是一个非常复杂的过程，流体流速在冲刷腐蚀过程中起着重要的作用，并直接影响冲刷腐蚀的机制。某些介质流态，如段塞流、湍流，会严重加剧冲刷腐蚀。流体与管壁作用的角度也会影响冲刷腐蚀发生的部位。

固相颗粒物（如砂）的硬度、形状大小及其含量会显著影响冲刷腐蚀的严重程度。

八、焊缝腐蚀

焊缝腐蚀形貌通常表现为焊缝一侧发生沟槽状腐蚀。常常导致管道、储液槽等设备穿孔。焊缝腐蚀往往发生在焊缝金属或焊接热影响区附近。在焊接接头的不同区域内，如母材区、焊缝区、热影响区，金属存在化学成分和组织的差异，引起不同区域电化学行为的差异。在腐蚀过程中，活性较高的区域成为阳极优先发生腐蚀，其腐蚀形态伴随焊缝呈沟槽状。

九、其他腐蚀性介质

除以上集输管道内腐蚀类型外，还包括单质硫、汞和有机酸等介质引起的腐蚀。

1. 单质硫腐蚀

单质硫腐蚀又称元素硫腐蚀，是指以 S_8 为主的硫单质在有水存在时引起的腐蚀，干态的硫不会引起腐蚀，只在湿态环境中才可能。其腐蚀过程受到硫与金属表面接触状态、温度、pH 值、H_2S 和 Cl^- 的显著影响。单质硫腐蚀的特点在于硫的存在和沉积形式，与金属表面直接接触才会引起快速腐蚀。

2. 汞腐蚀

如果天然气中含有一定的汞，则含汞介质会对铝、铝合金、某些铜合金、含铜的镍基合金（蒙乃尔合金）等造成严重的腐蚀，同时可能以液态金属脆化的形式造成某些金属的断裂。

3. 有机酸腐蚀

如果天然气中含有有机酸（如甲酸、乙酸、丙酸），自由存在的有机酸可能降低溶液中碳酸氢根的实际含量，也可能降低腐蚀介质的原位 pH 值，增大了腐蚀产物的溶解度，不易于在管道内壁形成保护性腐蚀产物膜，使腐蚀速率增大。

第二节　油气集输管道内腐蚀图集

案例 1-1

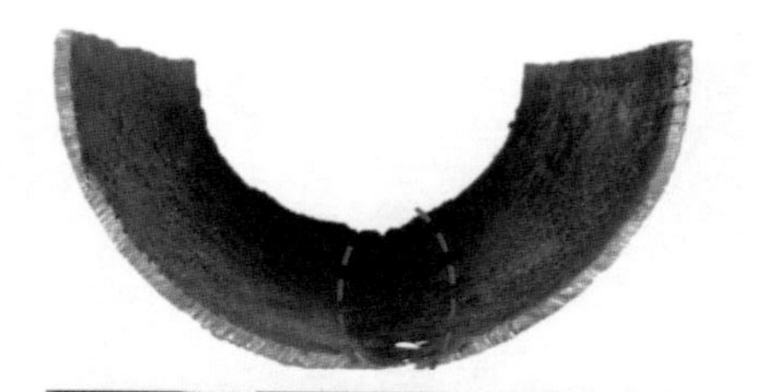

基本信息：20# 钢，无缝钢管，ϕ114mm × 4mm

腐蚀位置：5—7 点钟方向，弯头带焊缝管段，上坡段

服役时长：11 年 4 个月

输送介质：含水油

服役工况：运行温度 25 ~ 35℃；运行压力 0.7MPa；流速 0.3m/s；不含 H_2S 和 CO_2；矿化度 16262mg/L，K^++Na^+ 浓度 5244mg/L，Mg^{2+} 浓度 9mg/L，Ca^{2+} 浓度 29mg/L，Cl^- 浓度 4186mg/L，SO_4^{2-} 浓度 54mg/L，HCO_3^- 浓度 6700mg/L；无垢，腐生菌（TGB）含量 1×10^5 个 /mL，铁细菌（FEB）含量 1×10^3 个 /mL，SRB 含量 1×10^3 个 /mL

腐蚀原因：管道弯头部位冲刷引起的腐蚀

案例 1–2

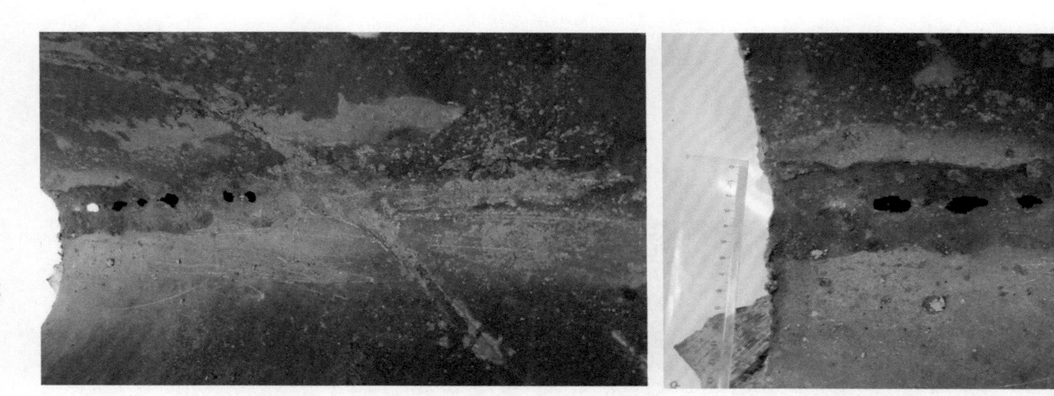

基本信息：$20^{\#}$ 钢，无缝钢管，$\phi 325mm \times 7mm$

腐蚀位置：5 点钟方向，直管段靠近弯头

服役时长：5 年

输送介质：油气水混输

服役工况：运行温度 45℃；运行压力 1.6MPa；流速 2.3m/s；含水率 91%，含砂，无内防腐措施；无阴极保护，聚氨酯泡沫保温层

腐蚀原因：出砂引起的冲刷腐蚀

案例 1–3

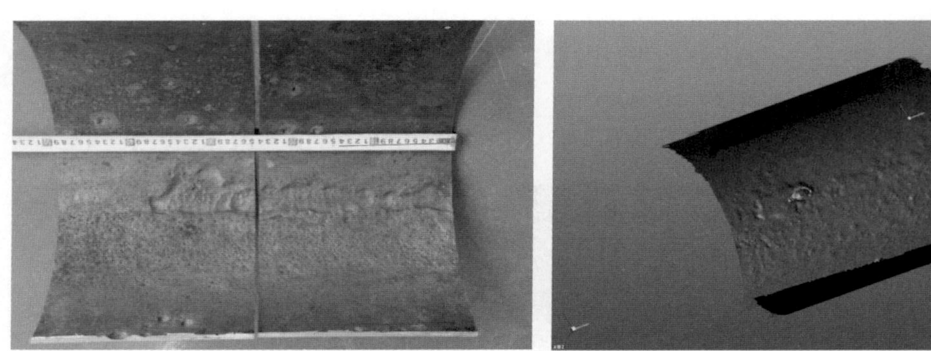

基本信息：L360 钢，无缝钢管，ϕ377mm × 6.4/8.0mm

腐蚀位置：4—8 点钟方向，6 点钟方向最为严重

服役时长：13 年

输送介质：净化油

服役工况：输送介质含水率 0.1% ~ 3.9%；运行温度 25 ~ 35℃，部分时间在 50℃；运行压力 4.3 ~ 6.3MPa；流速 0.29m/s；Cl^- 浓度最大值 48859.8mg/L，平均值 29162mg/L；HCO_3^- 浓度最大值 449.67mg/L，平均值 268mg/L

腐蚀原因：CO_2 作用下的水相腐蚀

案例 1–4

基本信息：20# 钢，无缝钢管，ϕ64mm × 7mm

腐蚀位置：1 点钟方向，弯头变径位置

服役时长：14 年

输送介质：净化水

服役工况：运行温度 20 ~ 30 ℃，运行压力 14.5MPa，流速 1.4m/s；不含 H_2S 和 CO_2；矿化度 10640mg/L，Cl^- 浓度 6224mg/L，SO_4^{2-} 浓度 12mg/L

腐蚀原因：弯头变径处长期处受介质冲刷引起的内腐蚀

案例 1-5

基本信息：$20^{\#}$钢，ϕ159mm × 8mm

腐蚀位置：6 点钟方向，弯头焊缝位置

服役时长：1 年 9 个月

输送介质：注水

服役工况：运行温度 50 ~ 66℃；设计压力 10MPa，实际运行压力 11MPa，流速 5m/s 左右；不含 H_2S 和 CO_2；Cl^- 浓度（1.8 ~ 2.2）× 10^4mg/L

腐蚀原因：冲刷及焊缝热影响区共同作用导致壁厚减薄，超压运行引发了管体破裂

案例 1-6

基本信息：$20^{\#}$ 钢，无缝钢管，$\phi 159\text{mm} \times 6\text{mm}$
腐蚀位置：12—3 点钟方向，弯头位置
服役时长：9 个月
输送介质：油水混输
腐蚀原因：CO_2 腐蚀和固液两相的冲刷腐蚀

服役工况：运行温度 42℃；运行压力 0.6MPa；流速 2m/s；CO_2 含量 35%，CO_2 吞吐工艺；矿化度 10040mg/L，Ca^{2+} 浓度 240.5mg/L，Mg^{2+} 浓度 233.4mg/L，$K^{+}+Na^{+}$ 浓度 2877.5mg/L，Cl^{-} 浓度 3773.8mg/L，SO_4^{2-} 浓度 35.4mg/L，HCO_3^{-} 浓度 2772.5mg/L，S^{2-} 浓度 76.9mg/L

案例 1-7

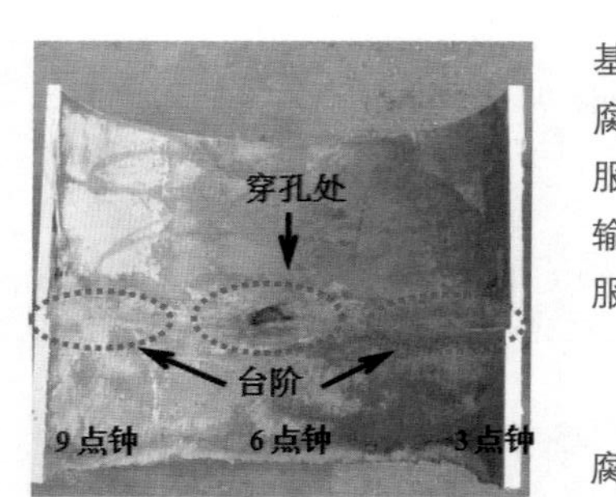

基本信息：20# 钢，无缝钢管，ϕ377mm × 10 mm

腐蚀位置：6 点钟方向，环焊缝位置

服役时长：6 年 11 个月

输送介质：油气水混输

服役工况：运行温度 55 ~ 60℃；运行压力 0.35 ~ 0.4MPa；流速 1m/s 左右；含水率 93.8%，不含 H_2S，CO_2 含量 4%（摩尔分数）；无垢，Cl^- 浓度 1.24×10^5mg/L

腐蚀原因：内壁的焊缝处的台阶改变了流体的流速和流态，引起冲刷腐蚀，管道内高浓度 Cl^- 和 CO_2 加速了穿孔

案例 1–8

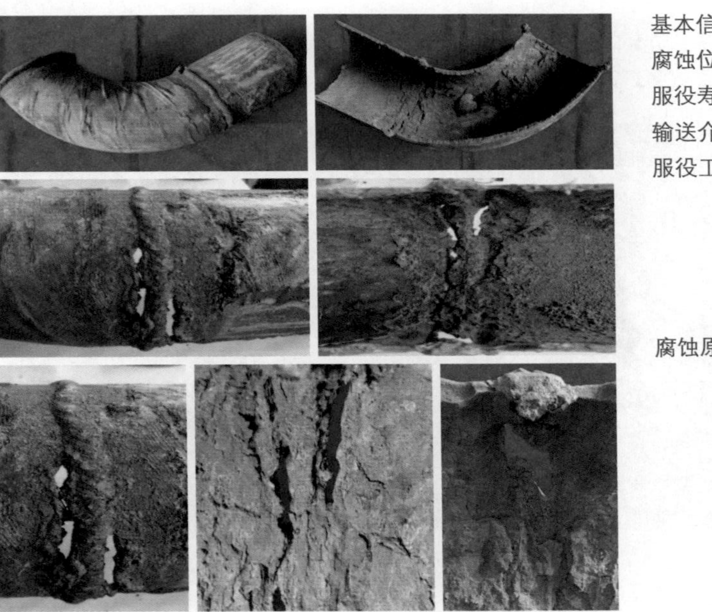

基本信息：$20^{\#}$ 钢，ϕ159mm × 6mm

腐蚀位置：3 点钟方向，直管段焊口位置

服役寿命：11 年

输送介质：处理后采出水

服役工况：运行温度 45℃；运行压力 0.8MPa；流速 0.8m/s；无内防腐措施；总矿化度 28646mg/L，SO_4^{2-} 浓度 50mg/L，HCO_3^- 浓度 307mg/L，内壁结垢，SRB 含量 70 个 /mL

腐蚀原因：焊缝腐蚀

案例 1–9

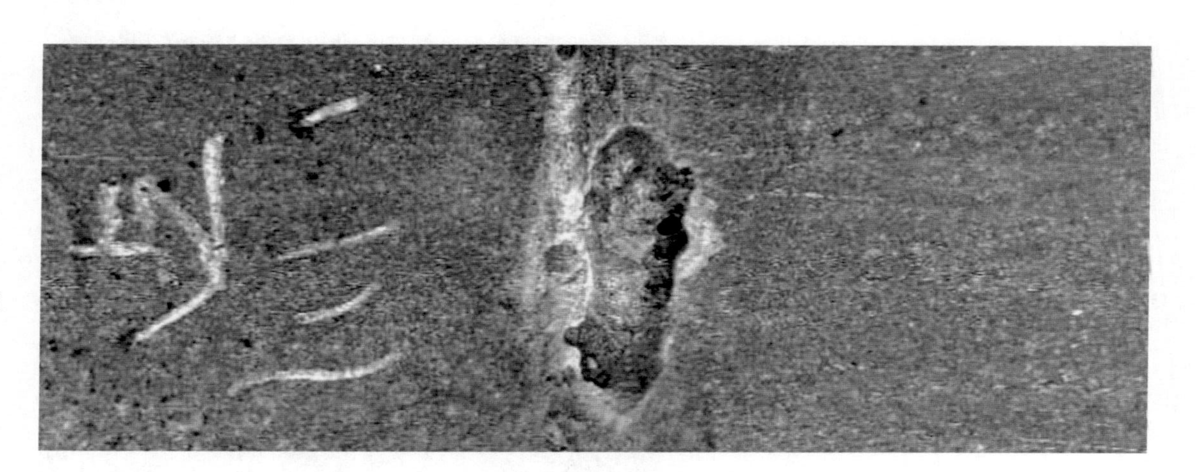

基本信息：L360QS 钢，无缝钢管，ϕ219mm × 7.1mm

服役工况：运行压力 8.02MPa，输气量 $15 \times 10^4 m^3/d$

腐蚀位置：6 点钟方向，焊缝位置

腐蚀原因：焊缝腐蚀

服役时长：2 年 6 个月

输送介质：湿气

案例 1–10

基本信息：工艺管线钢

腐蚀位置：环焊缝位置

服役时长：0.5 年

输送介质：油水混输

服役工况：温度高于 90 ℃，含 H_2S 和 CO_2；含水率大于 90%

腐蚀原因：H_2S—CO_2 工况下的焊缝腐蚀及冲刷腐蚀

案例 1-11

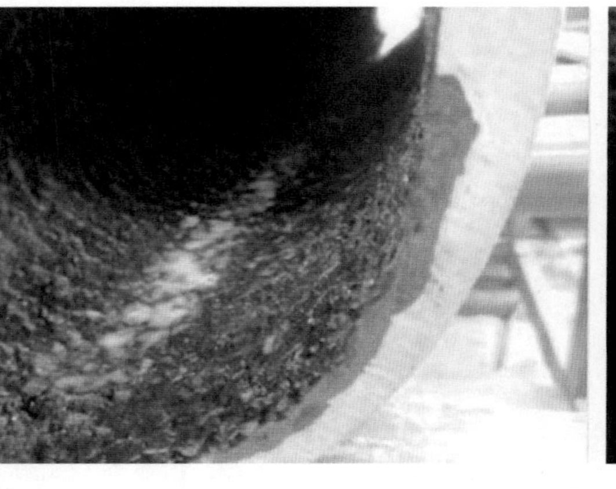

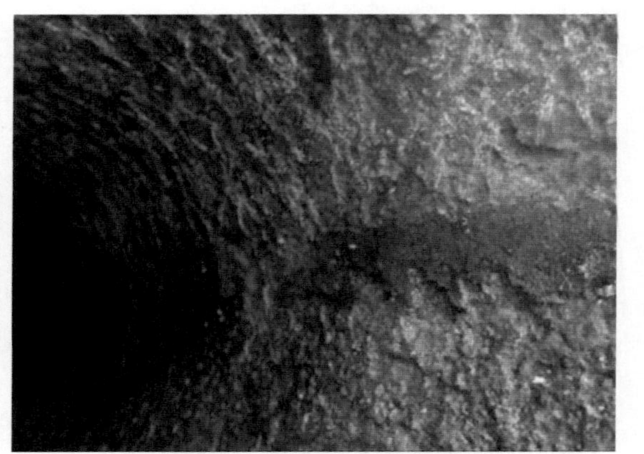

基本信息：工艺管线钢

腐蚀位置：全时钟，直管段

服役时长：1 年

输送介质：油水混输

服役工况：运行温度 80 ~ 100℃；含水率大于 90%；含 CO_2

腐蚀原因：CO_2 导致的全面腐蚀

案例 1–12

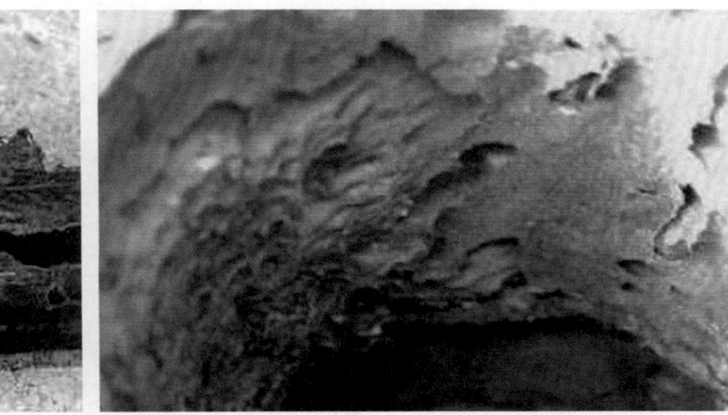

基本信息：普通碳钢

腐蚀位置：全时钟

服役时长：1 ~ 2 年

输送介质：油水混输

服役工况：温度 60 ~ 80℃；高含 CO_2

腐蚀原因：CO_2 导致的台地状局部腐蚀

案例 1-13

基本信息：L360 NB 钢，无缝钢管，ϕ219.1mm×9.5 mm

腐蚀位置：6 点钟方向，直管段位置

服役时长：5 年 3 个月

输送介质：天然气和含水凝析油

服役工况：运行温度 30℃；运行压力 6.4MPa；流速 1m/s；H_2S 含量 1517mg/m^3（1000ppm），CO_2 含量 1.8%（摩尔分数）；无垢，Cl^- 浓度 7.5×10^4mg/L

腐蚀原因：管道底部积水位置 H_2S—CO_2 腐蚀

案例 1–14

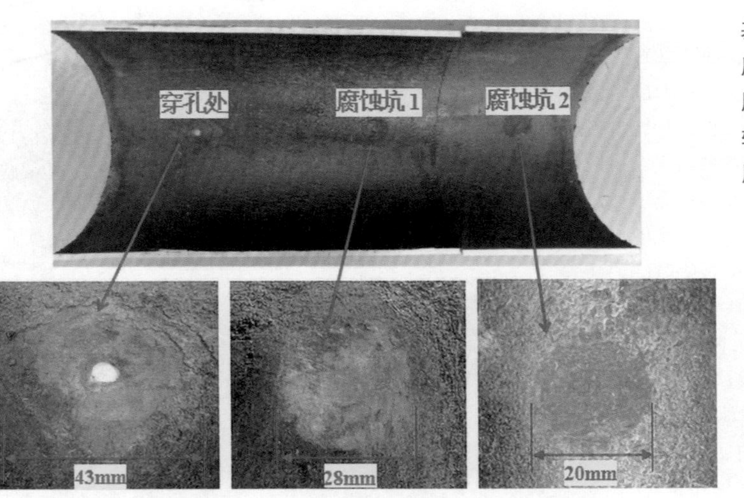

基本信息：20# 钢，ϕ325mm × 8mm

腐蚀位置：6 点钟方向，直管段位置

服役时长：4 年 8 个月

输送介质：油气水混输

服役工况：含水率 10% ~ 12%；运行温度 20 ~ 25 ℃；运行压力 0.52 ~ 0.58MPa；H_2S 含量 3400mg/m^3，CO_2 含量 2.249%（摩尔分数）；Cl^- 浓度 90200mg/L，添加缓蚀剂

腐蚀原因：气相中 CO_2 和 H_2S 溶于管道底部的沉积水，在缓蚀剂失效的区域发生局部腐蚀而穿孔泄漏

案例 1–15

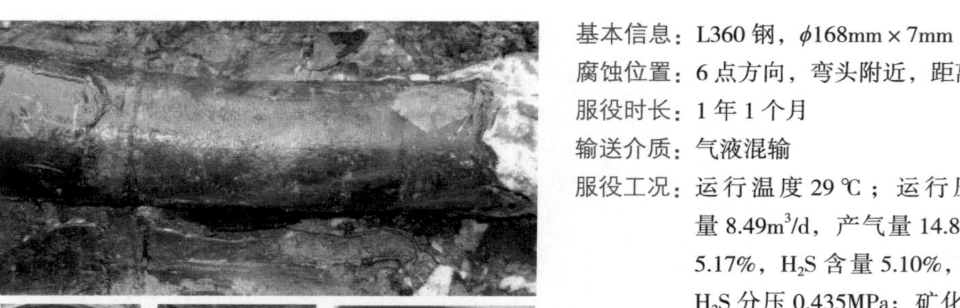

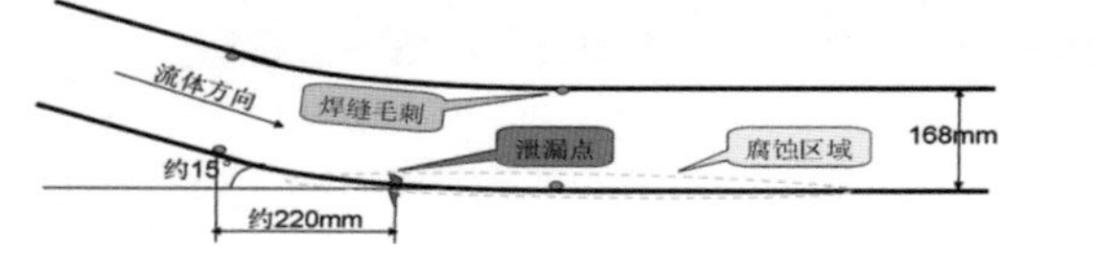

基本信息：L360 钢，ϕ168mm × 7mm

腐蚀位置：6 点方向，弯头附近，距离最近的焊缝 22cm

服役时长：1 年 1 个月

输送介质：气液混输

服役工况：运行温度 29 ℃；运行压力 8.53MPa；产水量 8.49m^3/d，产气量 14.8 × 10^4m^3/d；CO_2 含量 5.17%，H_2S 含量 5.10%，CO_2 分压 0.441MPa，H_2S 分压 0.435MPa；矿化度 42.36g/L，Ca^{2+} 浓度 1861mg/L，Mg^{2+} 浓度 745mg/L，K^++Na^+ 浓度 13427mg/L，Cl^- 浓度 25907mg/L，SO_4^{2-} 浓度 142mg/L，HCO_3^- 浓度 273mg/L，$CaCl_2$ 水型，pH 值 6.7

腐蚀原因：H_2S—CO_2 腐蚀（主要由 H_2S 控制），沉积垢和 Cl^- 加速了局部腐蚀

// 案例 1–16

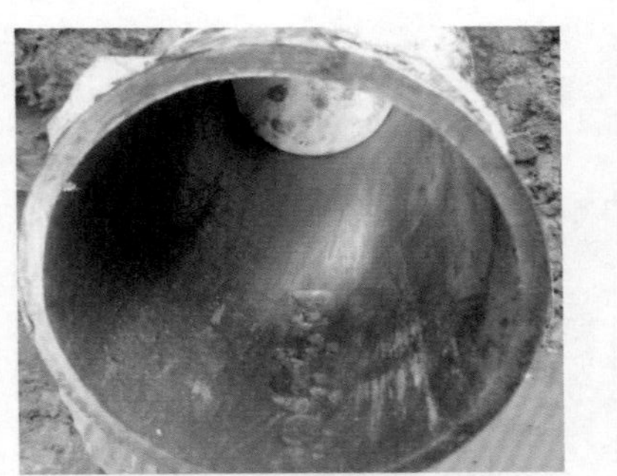

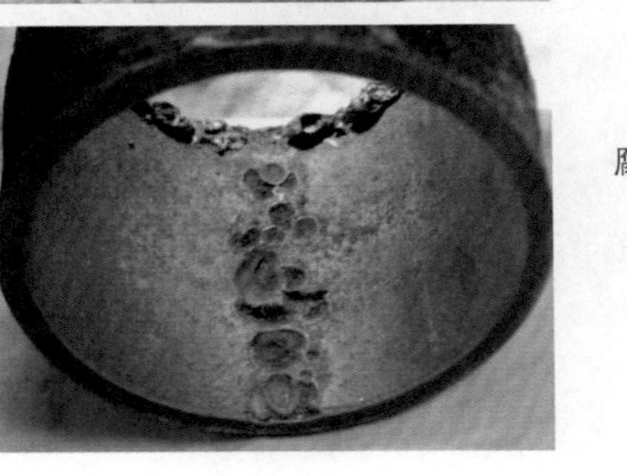

基本信息：L360 钢，ϕ168mm × 7mm

腐蚀位置：6 点方向，弯头附近，距离最近的焊缝 22cm

服役时长：1 年 1 个月

输送介质：气液混输

服役工况：运行温度 29℃；运行压力 8.53MPa；产水量 8.49m^3/d，产气量 14.8 × 10^4m^3/d；CO_2 含量 5.17%，H_2S 含量 5.10%，管内 CO_2 分压 0.441MPa，H_2S 分压 0.435MPa；矿化度 42.36g/L，Ca^{2+} 浓度 1861mg/L，Mg^{2+} 浓度 745mg/L，K^++Na^+ 浓度 13427mg/L，Cl^- 浓度 25907mg/L，SO_4^{2-} 浓度 142mg/L，HCO_3^- 浓度 273mg/L，$CaCl_2$ 水型，pH 值 6.7；最大腐蚀坑：直径 28.90mm，深度 0.35mm；最小腐蚀坑：直径 0.58mm，深度 0.32mm

腐蚀原因：H_2S—CO_2 腐蚀（主要由 H_2S 控制），沉积垢和 Cl^- 加速了局部腐蚀

案例 1–17

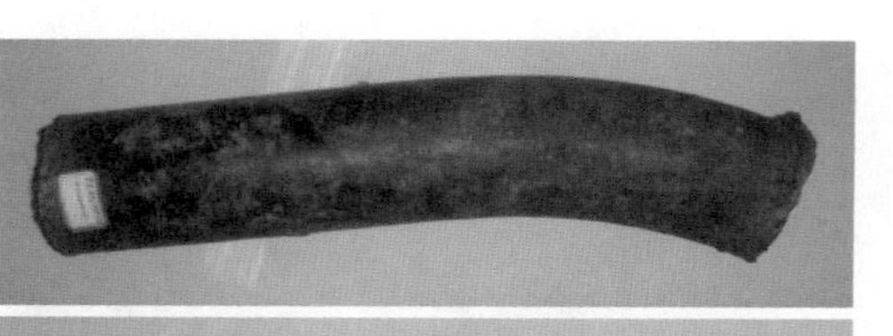

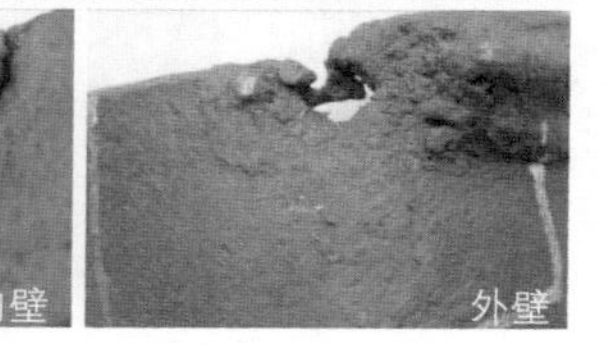

基本信息：L245 钢，ϕ108mm × 5 mm

腐蚀位置：6 点钟方向，冷弯弯头位置

服役时长：3 个月

输送介质：湿气

服役工况：运行温度 65℃，设计压力 4.0MPa，运行压力为 1.16MPa；H_2S 含量 0.043%（摩尔分数），CO_2 含量 0.453%（摩尔分数），Cl^- 浓度 5.3×10^4mol/L

腐蚀原因：在 H_2S—CO_2—Cl^- 共同作用下管道积水位置发生局部腐蚀

案例 1–18

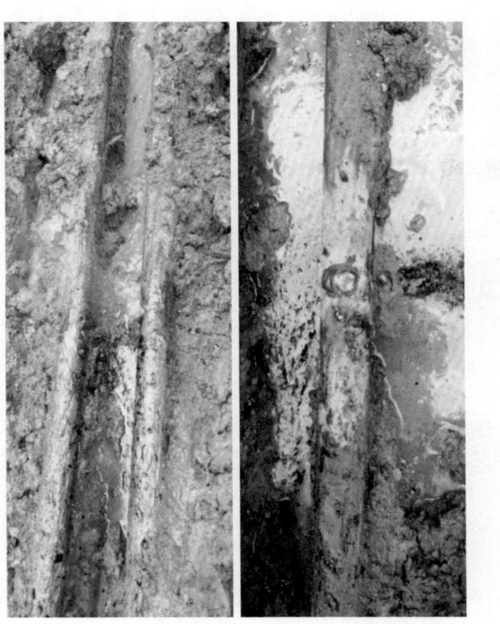

基本信息：$20^{\#}$ 钢，ϕ60mm × 3.5mm

腐蚀位置：12 点钟方向，直管段

服役时长：14 年 3 个月

输送介质：油水混输

服役工况：运行温度 20 ~ 30℃；运行压力 0.5 ~ 1MPa；流速 3m/s；不含 H_2S，CO_2 含量为 0.17%（摩尔分数），O_2 含量 1.1%（摩尔分数）；无垢，总矿化度 11050mg/L，Cl^- 浓度 4653mg/L

腐蚀原因：O_2—Cl^- 共同作用引发的局部腐蚀

// 案例 1–19

基本信息：$20^{\#}$钢，$\phi 133mm \times 5mm$

腐蚀位置：3—9 点钟方向，直管段位置

服役时长：7 年 9 个月

输送介质：油气水混输

腐蚀原因：积液腐蚀

服役工况：运行温度 65 ~ 75℃；运行压力 1.0 ~ 1.5MPa；含水率 69.8%；Ca^{2+} 浓度 2525mg/L，Mg^{2+} 浓度 30mg/L，Cl^{-} 浓度 1.3×10^{4}mg/L，SO_4^{2-} 浓度 1089mg/L，S^{2-} 浓度 58.6mg/L，HCO_3^{-} 浓度 631mg/L，$CaCl_2$ 水型

案例 1–20

基本信息：$20^{\#}$ 钢，ϕ64mm × 7mm

腐蚀位置：12 点钟方向，直管段

服役时长：12 年

输送介质：污水净化水

服役工况：运行温度 20 ~ 30℃；运行压力 14.6MPa；流速 1.3m/s；不含 H_2S 和 CO_2；TGB 含量大于 1300 个 /mL，FEB 含量大于 2500 个 /mL，SRB 含量大于 250 个 /mL

腐蚀原因：细菌引发的腐蚀穿孔泄漏

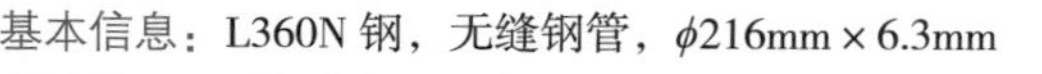

案例 1-21

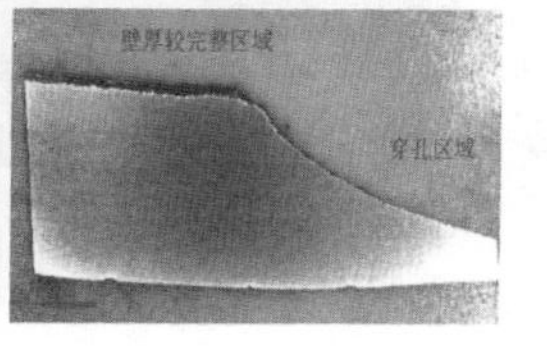

基本信息：L360N 钢，无缝钢管，ϕ216mm × 6.3mm

腐蚀位置：6 点钟方向，直管段位置

服役时长：1 年 2 个月

输送介质：页岩气—湿气

服役工况：运行温度 20 ~ 30℃；运行压力 3.5 ~ 6MPa；流速 3m/s 左右；无垢，SRB 含量 35000 个/mL，SO_4^{2-} 浓度大于 56mg/L，Cl^- 浓度大于 16400mg/L

腐蚀原因：SRB 引发的局部腐蚀，Cl^- 加速了腐蚀穿孔泄漏

案例 1–22

基本信息：$20^{\#}$ 钢，ϕ114mm × 5mm

腐蚀位置：5—6 点钟方向，直管段

服役时长：2 年

输送介质：分离器分离出的未处理含油采出水

腐蚀原因：细菌腐蚀引起的穿孔

服役工况：无内防腐措施；运行温度 71℃，运行压力 0.8MPa，流速 0.7m/s；H_2S 含量 232mg/m^3，CO_2 含量未知；矿化度 21796mg/L，K^++Na^+ 浓度 7924mg/L，Mg^{2+} 浓度 73mg/L，Ca^{2+} 浓度 411mg/L，Cl^- 浓度 15270mg/L，SO_4^{2-} 浓度 292mg/L，S^{2-} 浓度 52mg/L，HCO_3^- 浓度 519mg/L，pH 值 7.86；SRB 含量 110 个 /mL，TGB 含量 1000 个 /mL，FEB 含量 1000 个 /mL

案例 1-23

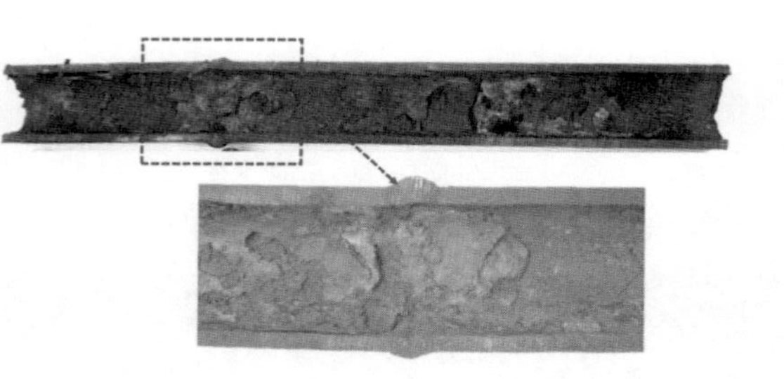

基本信息：$20^{\#}$ 钢，ϕ48mm × 5mm

腐蚀位置：5—7 点钟方向，焊缝直管段

服役时长：13 年

输送介质：净化污水

服役工况：运行温度 25 ~ 35 ℃；运行压力 13.2 ~ 15.2MPa；流速 0.18m/s；不含 H_2S，CO_2 含量 20mg/m^3；有垢，TGB 含量 1 × 10^3 个 /mL，FEB 含量 0.5 × 10^3 个 /mL，SRB 含量 2.5 × 10^3 个 /mL

腐蚀原因：焊缝腐蚀、垢下腐蚀处的腐蚀穿孔

案例 1–24

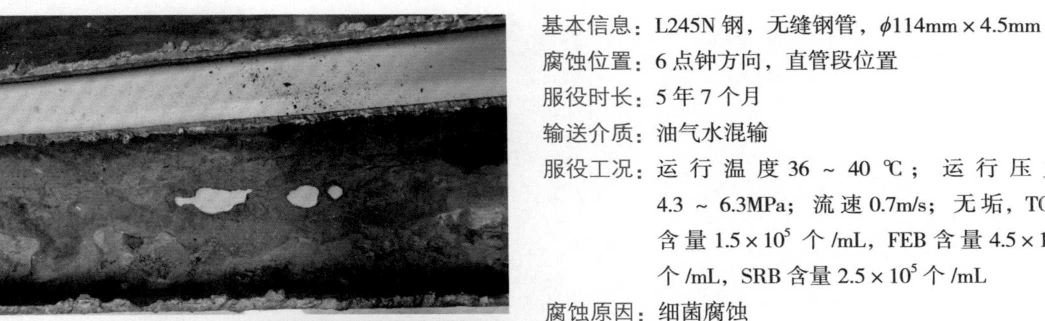

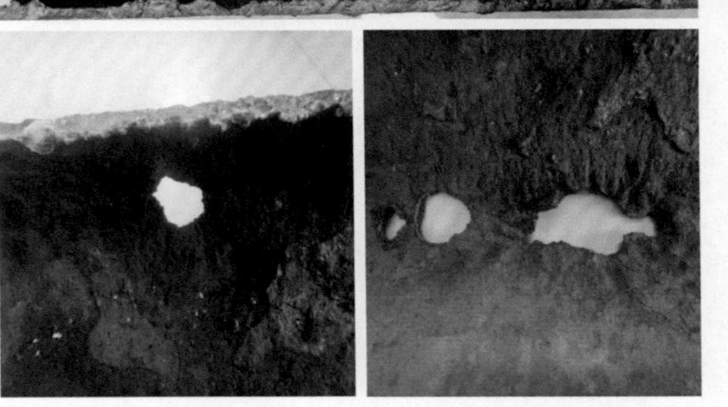

基本信息：L245N 钢，无缝钢管，ϕ114mm × 4.5mm

腐蚀位置：6 点钟方向，直管段位置

服役时长：5 年 7 个月

输送介质：油气水混输

服役工况：运行温度 36 ~ 40 ℃；运行压力 4.3 ~ 6.3MPa；流速 0.7m/s；无垢，TGB 含量 1.5×10^5 个 /mL，FEB 含量 4.5×10^3 个 /mL，SRB 含量 2.5×10^5 个 /mL

腐蚀原因：细菌腐蚀

案例 1–25

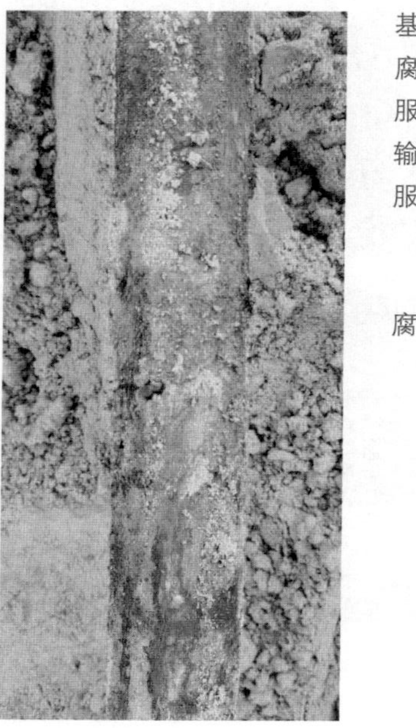

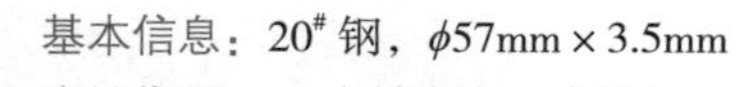

基本信息：$20^{\#}$ 钢，ϕ57mm × 3.5mm

腐蚀位置：11 点钟方向，直管段

服役时长：20 年

输送介质：含水油

服役工况：运行温度 30 ~ 40℃；运行压力 1.1MPa；流速为 0.3m/s；不含 H_2S，CO_2 含量为 0.2%（摩尔分数）；无结垢，TGB 含量 11000 个 /mL，FEB 含量 11000 个 /mL

腐蚀原因：细菌腐蚀

案例 1–26

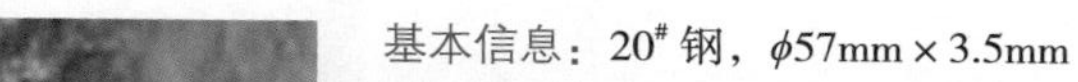

基本信息：$20^{\#}$ 钢，ϕ57mm × 3.5mm

腐蚀位置：11 点钟方向，直管段

服役时长：14 年

输送介质：含水油

服役工况：运行温度 30 ~ 40℃；运行压力 0.4MPa；流速 0.4m/s；H_2S 含量 3mg/L，CO_2 含量 0.2mol%；无结垢，矿化度 23303mg/L，HCO_3^- 浓度 307mg/L，Cl^- 浓度 12406mg/L，SO_4^{2-} 浓度 1871mg/L；TGB 含量 11000 个 /mL，FEB 含量 11000 个 /mL，SRB 含量 1300 个 /mL

腐蚀原因：多因素作用下的细菌腐蚀

案例 1–27

基本信息：普通碳钢

腐蚀位置：6 点钟方向，直管段

服役时长：未知

输送介质：油水混输

服役工况：含 CO_2 和 SRB

腐蚀原因：CO_2 与细菌共同作用导致的内腐蚀失效

案例 1–28

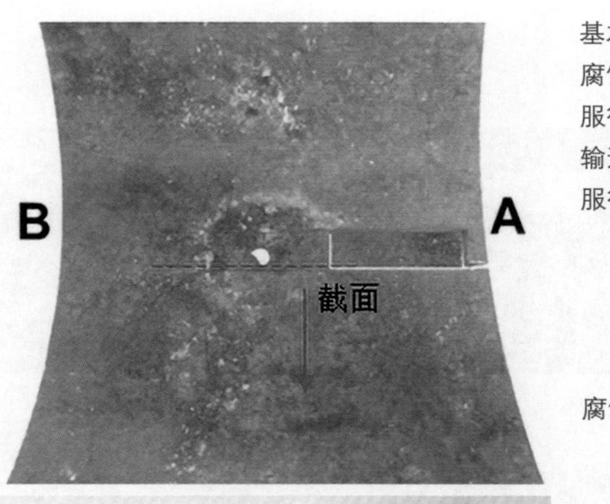

基本信息：L245 钢，ϕ273mm × 7.1mm

腐蚀位置：6 点钟方向，直管段

服役寿命：8 年 2 个月

输送介质：油田伴生气

服役工况：运行温度 40 ℃；运行压力 0.35MPa；输气量 120000m^3/d；H_2S 含量 38000mg/m^3，CO_2 含量 14.8%，O_2 含量 14.8%；含水率 5.06%，FEB 含量 750 个 /mL，SRB 含量 125 个 /mL，TGB 含量 125 个 /mL

腐蚀原因：O_2—H_2S—CO_2—细菌共同作用下的腐蚀

案例 1–29

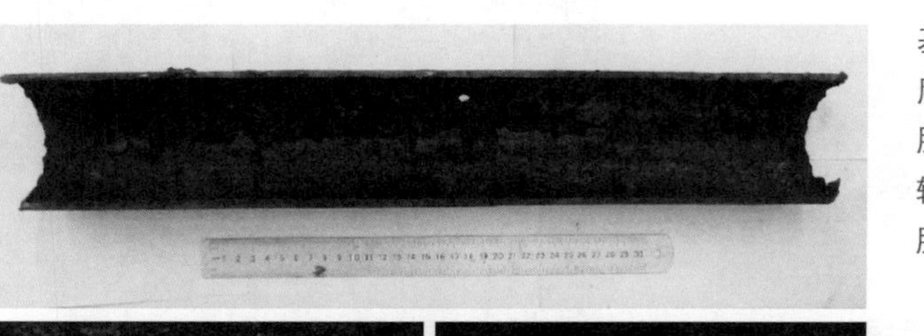

基本信息：20# 钢，ϕ89mm × 4.5mm

腐蚀位置：5—7 点钟方向，直管段

服役寿命：2 年

输送介质：油水混合物

服役工况：运行温度 30 ~ 40℃；运行压力 0.3MPa；H_2S 浓度 900 ~ 1000mg/L，CO_2 浓度 4.4%；pH 值为 8.26，Ca^{2+} 浓度 39.4mg/L，Mg^{2+} 浓度 55.3mg/L，Ba^{2+} 浓度 0.11mg/L，Sr^{2+} 浓度 6.92mg/L，Cl^- 浓度 1.24×10^4mg/L，SRB 含量 95 个 /mL

腐蚀原因：CO_2、垢下及 SRB 共同作用引起的腐蚀

案例 1–30

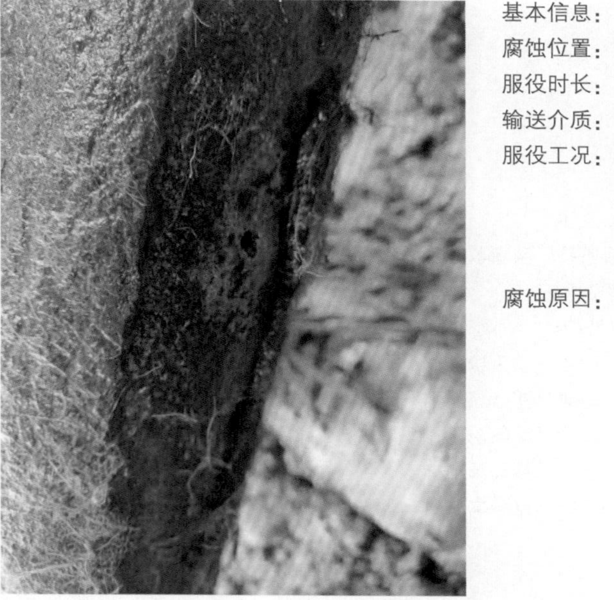

基本信息：20# 钢，ϕ60mm × 5mm

腐蚀位置：9 点钟方向，水平段

服役时长：18 年 8 个月

输送介质：油水混输

服役工况：运行温度 20 ~ 25 ℃；运行压力 1.1 ~ 1.3MPa；流速 0.6m/s；无垢，SRB 含量大于 100 个 /mL；SO_4^{2-} 含量大于 800mg/L，Cl^- 含量大于 10000mg/L，溶解氧含量大于 2.0mg/L；穿孔尺寸 8mm

腐蚀原因：细菌—Cl^-—O_2 共同作用引起的内腐蚀失效

案例 1–31

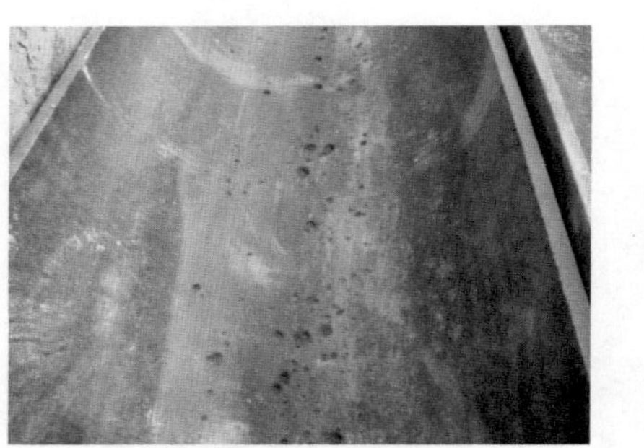

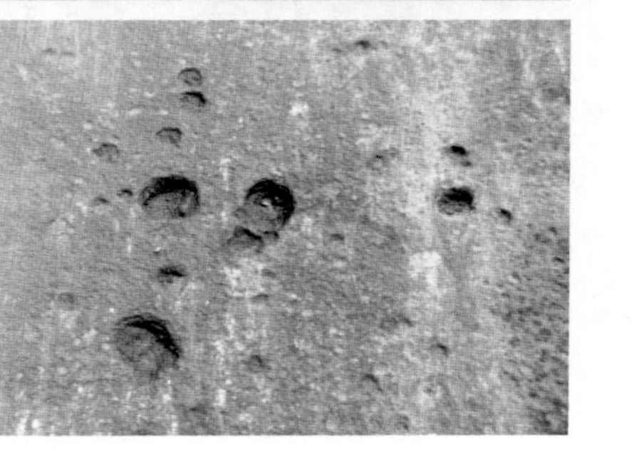

基本信息：API 5L X42/X52/X60 管线钢

腐蚀位置：5—7 点钟方向，直管段

服役时长：小于 3 年

输送介质：油气水混输

服役工况：运行温度约 90℃；含水率大于 90%；平均含砂量大于 0.7mg/L，流速 0.5 ~ 1.3m/s；H_2S 含量大于 151.7mg/m^3（100ppm），CO_2 含量大于 25%；添加了缓蚀剂

腐蚀原因：管道底部砂沉积影响了缓蚀效率，发生 H_2S—CO_2 腐蚀、垢下腐蚀

案例 1-32

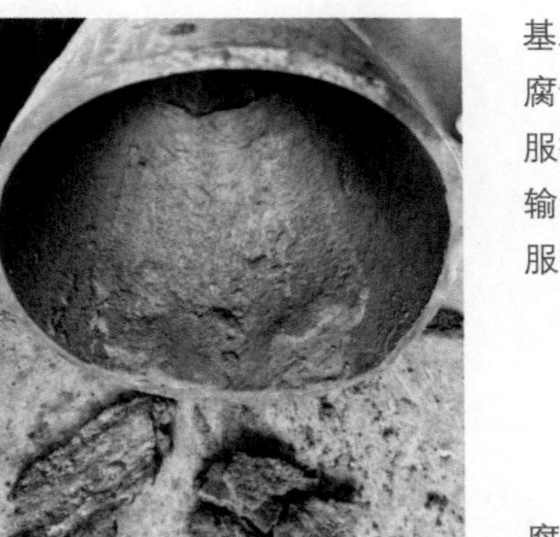

基本信息：20# 钢，ϕ159mm × 6mm

腐蚀位置：5—7 点钟方向，直管段

服役时长：7 年 4 个月

输送介质：净化原油

服役工况：运行温度 45 ~ 53℃；服役压力 1.8MPa；流速 0.42m/s；含水率低于 4%，总矿化度 39280mg/L，Ca^{2+} 浓度 4976mg/L，Mg^{2+} 浓度 173mg/L，K^{+}+Na^{+} 浓度 9681mg/L，Cl^{-} 浓度 23816mg/L，SO_4^{2-} 浓度 322mg/L，HCO_3^{-} 浓度 313mg/L；SRB 含量 10 ~ 30 个 /mL；管道 5—7 点钟方向有沉积物，由 $CaCO_3$ 和 FeS 组成

腐蚀原因：沉积物引起的垢下腐蚀

案例 1–33

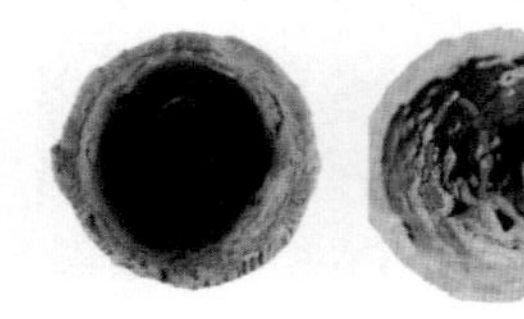

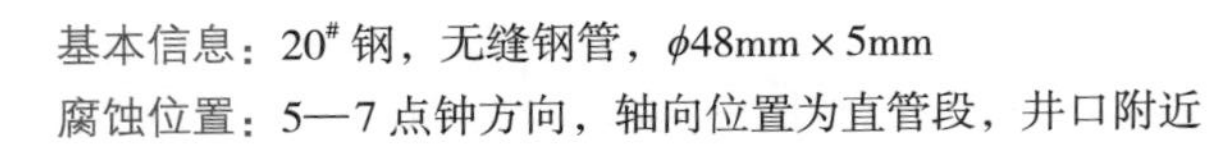

基本信息：$20^{\#}$ 钢，无缝钢管，$\phi 48mm \times 5mm$

腐蚀位置：5—7 点钟方向，轴向位置为直管段，井口附近

服役时长：30 年

输送介质：净化污水

服役工况：运行温度 25 ～ 35℃；运行压力 15 ～ 15.2MPa；流速 0.09m/s；有垢；TGB 含量 1×10^{3} 个 /mL，FEB 含量 0.5×10^{3} 个 /mL，SRB 含量 2.5×10^{3} 个 /mL；“火山口”形状的腐蚀产物形貌，表面腐蚀产物表现出鼓包状，将表面腐蚀产物去除后，可以在腐蚀产物下方观察到肉眼可见的腐蚀坑

腐蚀原因：细菌腐蚀、垢下腐蚀

案例 1–34

基本信息：20# 钢，ϕ48mm × 5mm

腐蚀位置：5—7 点钟方向，弯头带焊缝管段

服役时长：16 年 1 个月

输送介质：净化污水

腐蚀原因：管径发生改变，同时流速低，沉积物堆积，导致细菌滋生，引发垢下腐蚀

服役工况：运行温度 25 ~ 35℃；运行压力 6 ~ 15.2MPa；流速 0.09m/s；不含 H_2S，CO_2 含量 1.32%（摩尔分数）；矿化度 16262mg/L，K^++Na^+ 浓度 5244mg/L，Mg^{2+} 浓度 9mg/L，Ca^{2+} 浓度 29mg/L，Cl^- 浓度 4186mg/L，SO_4^{2-} 浓度 54mg/L，HCO_3^- 浓度 6700mg/L；有垢；TGB 含量 1×10^3 个 /mL，FEB 含量 0.5×10^3 个 /mL，SRB 含量 2.5×10^3 个 /mL

案例 1–35

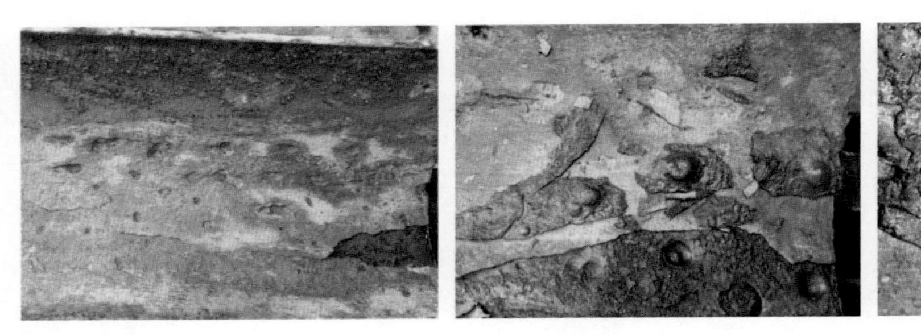

基本信息：20[#] 钢，ϕ219mm × 6.5mm

腐蚀位置：6 点钟方向，直管段

服役时长：5 年

输送介质：含水油

服役工况：运行温度 48℃；运行压力 1.8MPa；流速 0.42m/s；SRB 含量大于 50 个 /mL，S^{2-} 浓度 35mg/L，Cl^- 浓度 32306mg/L，SO_4^{2-} 浓度 577mg/L，Ca^{2+} 浓度 846mg/L，Mg^{2+} 浓度 470mg/L，HCO_3^{2-} 浓度 623mg/L，K^++Na^+ 浓度 19600mg/L，总矿化度 54421mg/L；有沉积物

腐蚀原因：细菌腐蚀、垢下腐蚀

案例 1–36

基本信息：$20^{\#}$ 钢，无缝钢管，ϕ219mm × 16mm

腐蚀位置：5—7 点钟方向，直管段

服役时长：10 年 2 个月

输送介质：净化污水

服役工况：运行温度 25 ~ 40℃；运行压力 14.5MPa；不含 H_2S，CO_2 含量 20mg/m^3；有垢，TGB 含量 1×10^5 个 /mL，FEB 含量 1×10^3 个 /mL，SRB 含量 1×10^3 个 /mL；矿化度 16006mg/L，K^++Na^+ 浓度 5200mg/L，Mg^{2+} 浓度 13mg/L，Ca^{2+} 浓度 9mg/L，Cl^- 浓度 4201mg/L，SO_4^{2-} 浓度 18mg/L，HCO_3^- 浓度 6490mg/L

腐蚀原因：CO_2、细菌及 Cl^- 共同作用下引起垢下腐蚀

案例 1–37

基本信息：$20^{\#}$ 钢，ϕ129mm × 6mm

腐蚀位置：5—7 点钟方向，直管段

服役时长：7 年 4 个月

输送介质：污水

服役工况：运行温度 45 ~ 53℃；服役压力 1.8MPa；介质流速 0.42m/s；总矿化度 39280mg/L，Ca^{2+} 浓度 4976mg/L，Mg^{2+} 浓度 173mg/L，$K^{+}+Na^{+}$ 浓度 9681mg/L，Cl^{-} 浓度 23816mg/L，SO_4^{2-} 浓度 322mg/L，HCO_3^{-} 浓度 313mg/L，SRB 含量 10 ~ 30 个 /mL；有垢

腐蚀原因：H_2S—CO_2 共同作用下引发的垢下腐蚀

案例 1–38

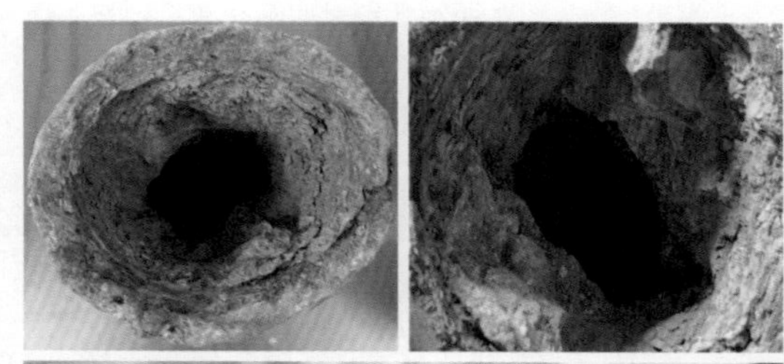

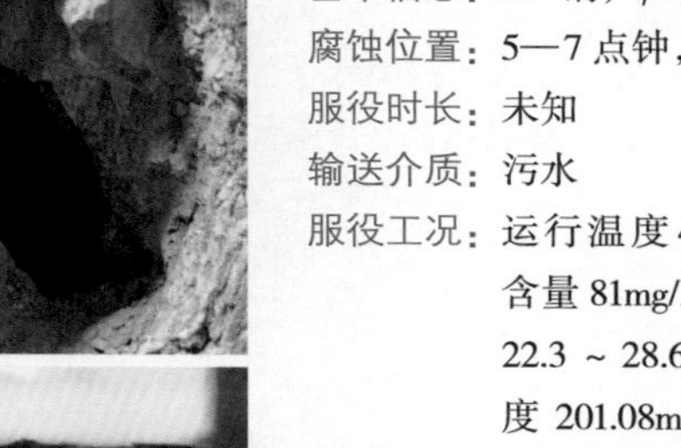

基本信息：$20^{\#}$ 钢，ϕ75mm × 6mm

腐蚀位置：5—7 点钟，直管段

服役时长：未知

输送介质：污水

服役工况：运行温度 45 ~ 73℃；介质流速 1.2m/s；H_2S 含量 81mg/L，溶解氧含量 0.4mg/L；总矿化度 22.3 ~ 28.6g/L，Cl^- 浓度 48.97mg/L，SO_4^{2-} 浓度 201.08mg/L，CO_3^{2-} 浓度 38.4mg/L，HCO_3^- 浓度 385.6mg/L；SRB 含量小于 2500 个 /mL，FEB 含量 100 个 /mL，TGB 含量 10 个 /mL

腐蚀原因：H_2S—O_2—细菌共同作用下的垢下腐蚀

案例 1–39

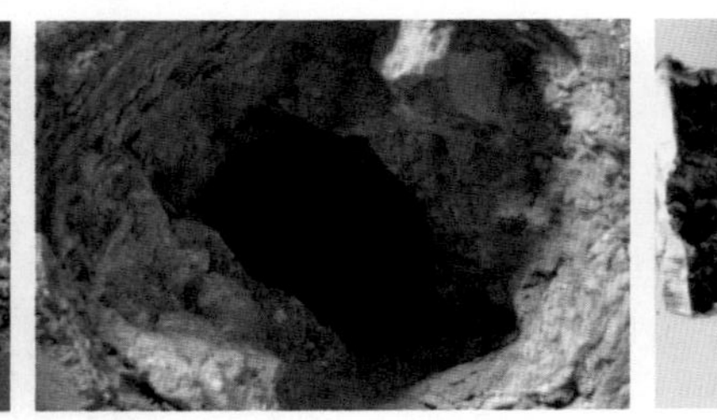
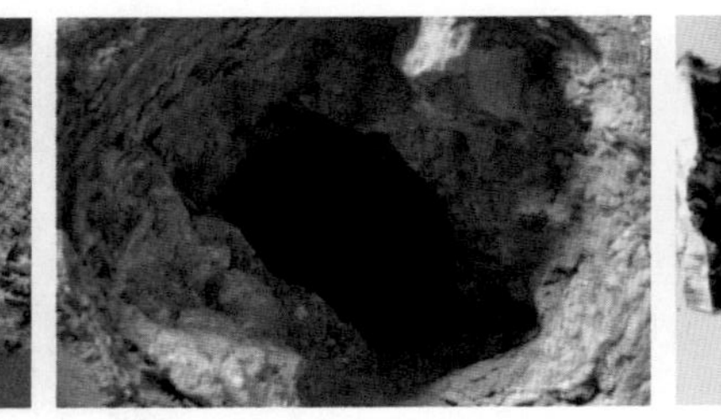

基本信息：20# 钢，ϕ76mm × 9mm

腐蚀位置：6 点钟方向，直管段

服役寿命：10 年

输送介质：注水

服役工况：运行温度 50℃；运行压力 23MPa；流速 1.2m/s；无内防腐；内壁结垢严重，水 pH 值 7.44，Cl^- 浓度 14170mg/L，SO_4^{2-} 浓度 67mg/L，HCO_3^- 浓度 899mg/mL，Mg^{2+} 浓度 336mg/L，Ca^{2+} 浓度 131mg/L，SRB 含量 2500 个 /L，总矿化度 21374mg/L

腐蚀原因：垢下腐蚀、焊缝腐蚀

案例 1–40

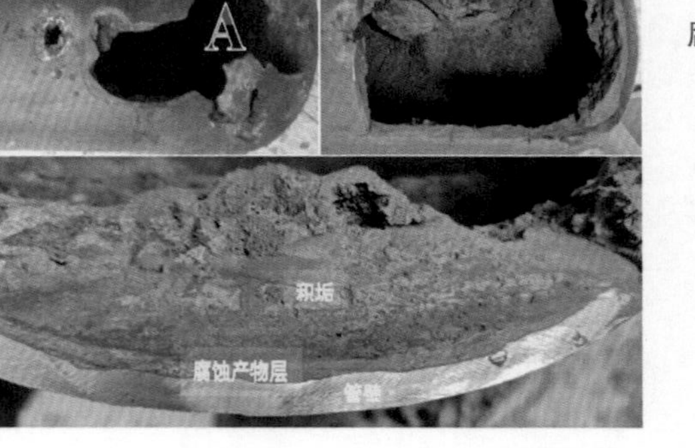

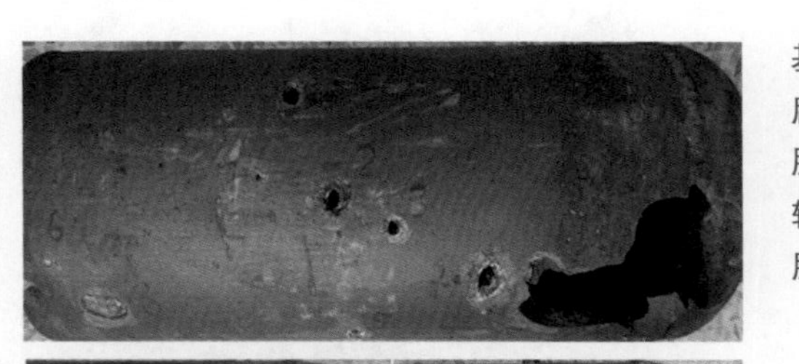

基本信息：$20^{\#}$ 钢，$\phi 219mm \times 7mm$

腐蚀位置：5—7 点方向，地下封头

服役时长：7 年 5 个月

输送介质：含水原油

服役工况：运行温度 40 ～ 45℃；运行压力 0.2 ～ 0.3MPa；H_2S 含量 $0.15mg/m^3$；管内污水 pH 值为 5.60，Cl^- 含量高达 $1.96 \times 10^5 mg/L$；穿孔处封头内壁沉积碳酸盐类垢，厚度 20 ～ 30mm

腐蚀原因：H_2S—CO_2 在垢底下引发局部腐蚀，Cl^- 加速了局部腐蚀的发生和发展

案例 1–41

基本信息：$20^{\#}$钢，ϕ114mm × 5mm

腐蚀位置：3 点钟方向，直管段

服役时长：4 年

输送介质：油气水混输

服役工况：管线近 3 年最高运行压力 1.6MPa；管道内含垢

腐蚀原因：积液腐蚀

案例 1–42

基本信息：X65 管线钢

腐蚀位置：3—4 点钟方向

服役时长：3 年

输送介质：油水混输

服役工况：含 H_2S—CO_2，含水，层流

腐蚀原因：在 H_2S—CO_2 工况下的油水界面腐蚀、细菌腐蚀

// 案例 1–43

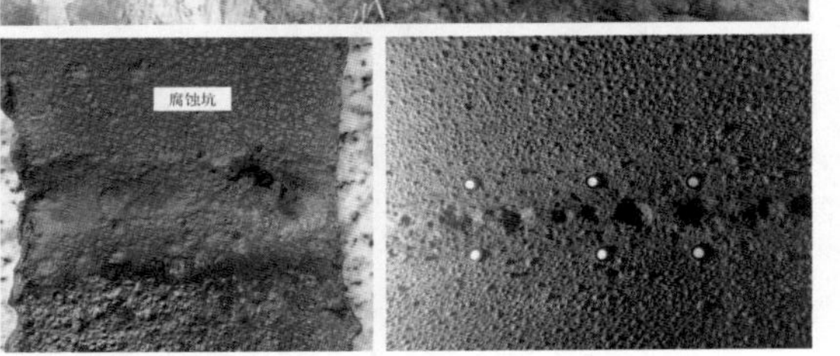

基本信息：L245 钢，ϕ323.9mm × 5.6mm

腐蚀位置：11 点钟方向，直管段

输送介质：净化厂供水

服役时间：5 年

服役工况：运行压力 2.95MPa；日输水量为 900 ~ 2500m^3/d，每天输水时间为 3 ~ 5h，其余时间停输

腐蚀原因：有机酸（活化剂中含有机酸）、CO_2 等引起的冷凝腐蚀

案例 1-44

基本信息：20# 钢，ϕ76mm × 5mm

腐蚀位置：6 点钟方向，直管段位置

服役寿命：1 年 4 个月

输送介质：掺水管（处理后采出水）

服役工况：运行温度 70℃；运行压力 1.3 ~ 1.4MPa；流速 0.07m/s；H87 内涂层；不含 H_2S 和 CO_2；缓蚀剂浓度 0.006%(60ppm)，少量垢；总矿化度 26870mg/L，Cl^- 浓度 13100mg/L，SRB 含量 6 个 /mL

腐蚀原因：内涂层起泡、结合力减弱，涂层破裂，导致局部腐蚀穿孔

第二章　油气集输管道外腐蚀

埋地油气集输管道外防腐层类型多且绝缘性普遍较差，阴极保护覆盖率低，尤其是出油管道、采气管道、集油支线、集气支线及注入管道。加上保温层的影响，外腐蚀已成为导致埋地油气集输管道失效的重要原因之一，尤其是在地下水位偏高的东北和沿海地区，集输管道外腐蚀更为严重。本章主要针对油气田埋地集输管道常见的外腐蚀类型及其特征进行阐述，以期为油气集输管道外腐蚀失效识别提供借鉴。

第一节　油气集输管道外腐蚀理论

根据管道特征和所处环境的差异，集输管道外腐蚀类型和特点有所不同。表 2–1 从管道类型、腐蚀形貌、失效位置、干扰环境等角度对埋地油气集输管道可能面临的外腐蚀进行了描述。

表 2–1　油气集输管道主要外腐蚀失效类型识别

管道类型	腐蚀位置	腐蚀形貌	干扰情况	外腐蚀类型	参考案例索引
保温管道	补口	均匀腐蚀	—	补口腐蚀	案例 2–14、案例 2–18
		局部腐蚀	有	交流杂散电流腐蚀、直流杂散电流腐蚀	案例 2–45
			无	焊缝腐蚀	案例 2–17、案例 2–22、案例 2–25
	直管段	均匀腐蚀	—	保温层下腐蚀、阴极保护失效引起的腐蚀	案例 2–11、案例 2–12、案例 2–15、案例 2–16、案例2–19 、案例2–20、案例 2–21、案例 2–23、案例 2–24
		局部腐蚀	有	交流杂散电流腐蚀、直流杂散电流腐蚀	
			无	保温层下腐蚀、阴极保护失效引起的腐蚀	案例 2–13、案例 2–22、案例 2–25
不保温管道	—	均匀腐蚀	—	土壤腐蚀、阴极保护失效引起的腐蚀	案例 2–1、案例 2–2、案例 2–3、案例 2–4、案例 2–5、案例 2–6、案例 2–7、案例 2–8、案例 2–9、案例 2–10
		局部腐蚀	有	交流杂散电流腐蚀、直流杂散电流腐蚀	案例 2–31、案例 2–32、案例 2–33、案例 2–34、案例 2–35、案例 2–36、案例 2–37、案例 2–38、案例 2–39、案例 2–40、案例 2–41

续表

管道类型	腐蚀位置	腐蚀形貌	干扰情况	外腐蚀类型	参考案例索引
不保温管道	—	局部腐蚀	无	焊缝腐蚀、阴极保护失效引起的腐蚀、电偶腐蚀	案例 2–26、案例 2–27、案例 2–28、案例 2–29、案例 2–30、案例 2–42、案例 2–43、案例 2–44

对于埋地的油气集输管道而言，由于工艺需求，一般分为保温管道和不保温管道两类。由于保温层可能对外腐蚀造成影响，外防护层可能对阴极保护电流及杂散电流起到屏蔽作用，使两类管道面临的外腐蚀风险存在差异。

对于保温管道而言，若外腐蚀发生在补口位置，且为均匀腐蚀形貌，则可能面临的外腐蚀风险是补口腐蚀。若为局部腐蚀形貌，且周边有直流杂散电流干扰源，则可能面临的外腐蚀风险为直流杂散电流腐蚀；若周边有交流杂散电流干扰源，则可能面临的外腐蚀风险为交流杂散电流腐蚀；若周边无杂散电流干扰源，且管道本体与接地体等异金属无搭接，则可能面临的外腐蚀风险为焊缝腐蚀；若管道本体与接地体等异金属有搭接，则可能面临的外腐蚀风险为电偶腐蚀。若外腐蚀发生在直管段，且为均匀腐蚀形貌，则可能面临的外腐蚀风险是保温层下腐蚀。若为局部腐蚀形貌，周边有直流杂散电流干扰源，则可能面临的外腐蚀风险为直流杂散电流腐蚀；若周边有交流杂散电流干扰源，则可能面临的外腐蚀风险为交流杂散电流腐蚀；

若周边无杂散电流干扰源，且局部腐蚀发生在外防护层破损点处，管道本体与接地体等异金属有搭接，则可能面临的外腐蚀风险为电偶腐蚀；若管道本体与接地体等异金属无搭接，则可能面临的外腐蚀风险为阴极保护失效引发的腐蚀；若局部腐蚀发生位置距离外防护层破损点处有一定距离，则可能面临的外腐蚀风险为保温层下腐蚀。

对于不保温管道而言，若外腐蚀为均匀腐蚀形貌，管道未施加阴极保护，则可能面临的外腐蚀风险是土壤腐蚀；若施加了阴极保护，则可能面临的外腐蚀风险是阴极保护失效引发的腐蚀。若为局部腐蚀形貌，周边有直流杂散电流干扰源，则可能面临的外腐蚀风险为直流杂散电流腐蚀；周边有交流杂散电流干扰源，则可能面临的外腐蚀风险为交流杂散电流腐蚀；周边无杂散电流干扰源，且管道本体与接地体等异金属有搭接，则可能面临的外腐蚀风险为电偶腐蚀；若管道本体与接地体等异金属无搭接，则可能面临的外腐蚀风险为阴极保护失效引发的腐蚀。

一、土壤腐蚀

通常情况下，普通碳钢的土壤腐蚀形貌为全面腐蚀形貌，去除腐蚀产物后，管道表面粗糙，腐蚀部位凹凸不平，边缘不整齐，无明显的局部腐蚀特征。

普通碳钢管道土壤腐蚀通常发生在土壤电阻率较低的环境，管道未施加阴极保护，不保温，且周边无高压交直流输电线路、特高压直流输电接地极、电气化铁路、地铁、轻轨等交直流干扰源。管道腐蚀电位通常在 –0.3 ~ –0.8V_{CSE}。

土壤是一种天然的腐蚀环境，含有水、氧、导电离子、微生物等多种腐蚀性介质。当碳钢管道外防腐层破损时，管道金属本体直接与土壤接触，发生腐蚀电化学反应。其阳极反应是 Fe 的失电子过程，即反应式（2–1）所示。阴极反应与土壤含氧量和 pH 值有关。

$$Fe-2e \longrightarrow Fe^{2+} \tag{2-1}$$

若土壤氧含量充足，为中碱性，则阴极反应以吸氧反应为主，如反应式（2–2）所示，否则以析氢反应为主，如反应式（2–3）所示。

$$O_2+2H_2O+4e \longrightarrow 4OH^- \tag{2-2}$$

$$2H^++2e \longrightarrow H_2 \tag{2-3}$$

一般认为土壤电阻率越低，土壤腐蚀性越强，土壤腐蚀倾向越大。土壤透气性越好，土壤中氧气含量越高，阴极反应得到加速，土壤腐蚀加快。土壤中含水量越高，土壤中氧的扩散受到阻碍，抑制了阴极反应的进程，土壤腐蚀得到减缓（氧浓差电池、土壤宏电池等情况除外）。当土壤中存在细菌等微生物时，细菌腐蚀可能加剧土壤腐蚀。

二、保温层下腐蚀

对于保温管道，若其外防护层因出现破损、裂纹而进水，或补口处发生进水，且管道外防腐层损坏，会在保温层下外防护层内形成相对密闭且高温的潮湿环境，引发保温层下腐蚀。保温层下腐蚀发生部位往往会覆盖一层疏松、易脱落的红色或黑色腐蚀产物膜，去除腐蚀产物后，管道表面粗糙、凹凸不平，也可能出现局部腐蚀特征。

保温管道因保温层的作用，管道介质输送温度相对较高，一般在 50 ~ 60℃，在这种温度下，一旦外防护层破损进水或补口进水，且保温材料往往具有吸水作用，导致内部形成高浓度的 Cl^- 环境，管道外防腐层老化加剧，容易出现破损。一旦外防腐层破损，管道金属本体直接与水接触，在水和氧的作用下发生腐蚀。此外，由于保温层与管道金属本体表面形成环形缝隙，外防护层不完整时供氧程度不同，外防护层完好处供氧困难，形成缺氧区，外防护层不完整处或被破坏处供氧充足，形成富氧区，形成氧浓差电池，构成了局部缝隙腐蚀条件，加速了保温层下腐蚀。

三、阴极保护失效引起的腐蚀

阴极保护失效引起的腐蚀通常表现为均匀腐蚀的特征，其腐蚀形貌与外防腐层破损点的位置和形状密切相关。

阴极保护失效引起的腐蚀发生的原因是管道外防腐层出现了破损，且管道阴极保护系统出现了异常导致破损点处管道阴极保护电位不达标。对于牺牲阳极阴极保护系统而言，出现异常的原因可能是牺牲阳极消耗过快、牺牲阳极出现了钝化、牺牲阳极与管道之间电连接出现问题，或管道外防腐层老化、破损或与周边接地等异金属搭接导致阴极保护电流需求量增大。对于外加电流阴极保护系统，出现异常的原因有很多，主要包括管道外防腐层老化、破损或与周边接地等异金属搭接导致阴极保护电流需求量增大，恒电位仪出现故障，长效参比电极出现故障，绝缘接头失效，电缆线断开等。

四、补口腐蚀

管道环焊缝和外防护层补口位置是管道外腐蚀发生的重点部位之一。补口腐蚀往往发生在集输管道补口位置附近，补口处发生破损或开裂，内部进水，管道金属本体直接与水接触而发生腐蚀。若管道施加了阴极保护，由于补口胶带对阴极保护电流的屏蔽作用，阴极保护电流不能到达管道金属本体，导致补口附近管道阴极保护电位不达标而发生腐蚀。补口腐蚀形貌通常表现为带状、条状或环状的腐蚀，一般为均匀腐蚀特征。

五、电偶腐蚀

电偶腐蚀通常发生在管道与异金属（如接地极）连接的部位，且管道外防腐层出现破损。

电偶腐蚀发生的原因是管道电位与电连接的异金属电位之间存在电位差，在土壤等介质的作用下，发生腐蚀反应。电偶腐蚀形貌通常表现为搭接附近的局部腐蚀，去除腐蚀产物后，蚀坑边缘光滑。

六、直流杂散电流腐蚀

1. 直流杂散电流腐蚀特征

直流杂散电流腐蚀的特征通常表现为圆形的局部腐蚀坑，去除腐蚀产物后，腐蚀坑内壁光滑。

直流杂散电流腐蚀发生的环境通常为周边内有地铁、轻轨、（特）高压直流输电线路 / 接地极、直流电气化铁路、阴极保护辅助阳极地床、矿厂及直流电焊机等，有时也发生在与施加阴极保护管道交叉或并行的位置。

2. 直流杂散电流腐蚀发生原因

根据直流杂散电流干扰源的不同，其干扰机理和腐蚀原因也有差异。通常，直流杂散电流干扰可以分为稳态直流干扰和动态直流干扰。

1）稳态直流杂散电流腐蚀

稳态直流干扰源主要包括特高压直流输电接地极和阴极保护系统。若干扰源为特高压直流输电接地极，则主要是由于特高压直流输电系统单极运行时（图 2–1），大量的直流电流（一般为几百安培至几千安培）流经大地而引起周边埋地钢制管道的杂散电流干扰。通常情况下，特高压直流输电接地极的影响范围能达几十千米到上百千米。

若稳态直流干扰源为阴极保护系统，则其干扰机理可分为阴极干扰、阳极干扰，以及混合干扰。以混合干扰为例，如图 2–2 所示，管道 1 采用外加电流阴极保护系统进行保护，受种种限制，其辅助阳极地床靠近管道 2，同时管

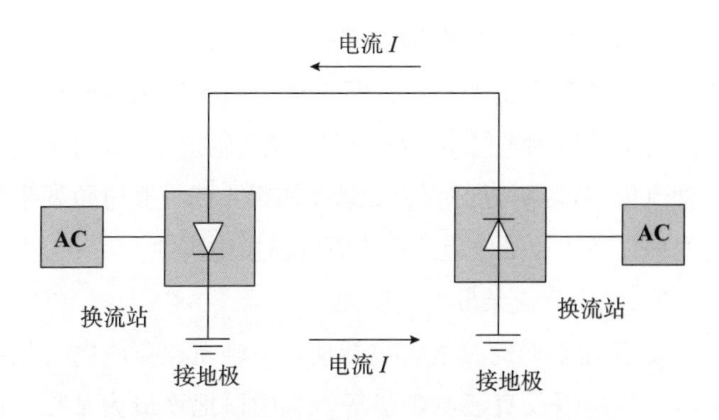

图 2-1　特高压直流输电系统单极运行示意图

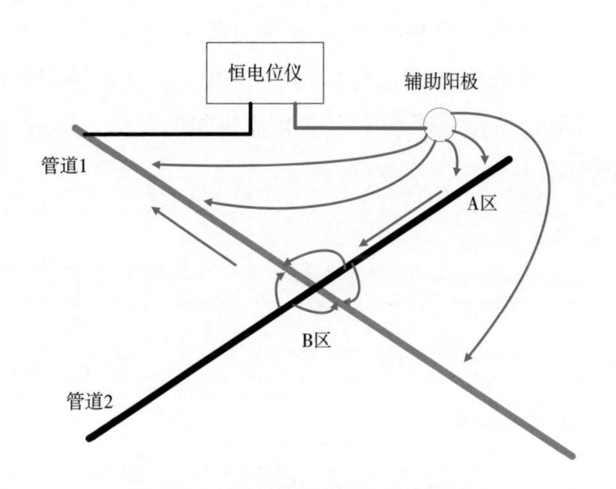

图 2-2　阴极保护混合干扰示意图

道 1 和管道 2 在远处交叉。在 A 区位置，由于管道 1 阴极保护系统辅助阳极地床靠近管道 2，辅助阳极输出的阴极保护电流会在 A 区附近的管道 2 外防腐层破损点流入管道 2，此时管道 2 在 A 区附近遭受阳极干扰，其电位会发生负偏移。在两条管道交叉部位，即 B 区，从 A 区流入管道 2 的电流会从 B 区附近管道 2 破损点处流出管道 2，经过土壤流入管道 1。B 区附近的管道 2 遭受阴极干扰，其电位发生正向偏移，在法拉第效应的作用下管道发生腐蚀。

2）动态直流杂散电流腐蚀

动态直流干扰源主要包括地铁、轻轨、直流电气化铁路、矿厂，以及直流电焊机等，其中以地铁最为常见，也最为典型。国内外各城市对地铁及城市轨道交通的供电一般有三种方式，以接触网供电最为典型，如图 2–3 所示，牵引变电所提供地铁运行所需直流电，通过接触网供电，并经过走行轨流回牵引变电所整流机组的负极，形成一个闭合回路。

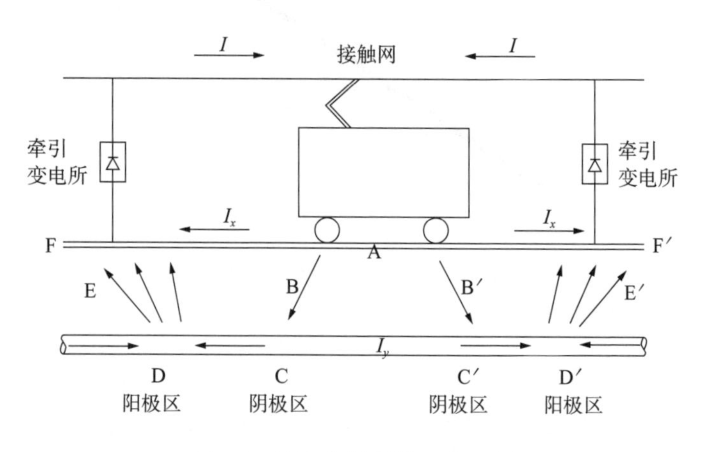

图 2-3　阴极保护系统干扰示意图

在理想的状况下，牵引电流由牵引变电所的正极流出，经由接触网（轨）、电动列车和走行轨（回流轨）流回牵引变电所整流机组的负极。由于走行轨与大地之间无法达到完全的绝缘，流经走行轨的电流不能全部经由走行轨流回到牵引变电所整流机组的负极，有一部分电流会泄漏进入大地，然后再流回变电所，这部分泄漏到大地中的电流就是地铁直流杂散电流。

由于地铁处于一个不断运动的状态，它所产生的直流杂散电流也是动态的，在导电处既会有电流的流入，也有电流的流出，因此表现出来的电位会有一个波动的变化过程。杂散电流的大小和分布与变电所的位置、馈电区段、负荷分担状态、负荷电流、回归线电阻，以及钢轨对地过渡电阻等因素有关，土壤电导率对其也有较大的影响，随着列车不断运行，杂散电流的分布随时间而变化。

杂散电流的腐蚀过程本质上是典型的电化学腐蚀。当杂散电流由走行轨 A 处经 B（或 B′）流向埋地管道 C（或 C′）时，形成一个电化学电池，A 处为阳极区，C（或 C′）处为阴极区，此时管道处阴极区不会发生腐蚀，但阴极极化可导致附近土壤局部碱化，进而对管道绝缘涂层产生影响。而当杂散电流由埋地管道 D（或 D′）处经 E（或 E′）流向走行轨 F（或 F′）处时，D（或 D′）处为阳极区，电极电位较低，发生电化学反应，Fe 失去电子形成 Fe 的氧化物，通常会在钢制管道上生产 $Fe(OH)_2$，其中一部分被氧化成 $Fe(OH)_3$，

进一步生成 Fe_3O_4，剩余的 $Fe(OH)_2$ 继续被氧化生成铁锈。

通常情况下，对于未施加阴极保护的管道，动态直流杂散电流干扰程度采用管道极化电位相对于该环境中管道自然腐蚀电位正向偏移超过 20mV 的时间比例进行评判，见表 2-2。

表 2-2 未施加阴极保护管道动态直流杂散电流干扰评判指标

干扰程度等级	低	中	高
管道极化电位相对于自然腐蚀电位正向偏移大于 20mV 的时间比例	≤ 5%	5% ~ 15%	≥ 15%

对于施加了阴极保护的管道，动态直流杂散电流干扰程度通常采用管道极化电位相对于该环境中管道最小阴极保护电位准则偏移量的时间比例进行评判，见表 2-3。

表 2-3 施加阴极保护管道动态直流杂散电流干扰程度评判指标

干扰程度等级	管道极化电位相对于最小阴极保护电位准则不同偏移量的时间比例			备注
	相对于最小阴极保护电位准则的时间比例	相对于最小阴极保护电位准则 +50mV 的时间比例	相对于最小阴极保护电位准则 +100mV 的时间比例	
低	≤ 5%	≤ 2%	≤ 1%	同时满足三个条件评价为低

续表

干扰程度等级	管道极化电位相对于最小阴极保护电位准则不同偏移量的时间比例			备注
	相对于最小阴极保护电位准则的时间比例	相对于最小阴极保护电位准则 +50mV 的时间比例	相对于最小阴极保护电位准则 +100mV 的时间比例	
中	5% ~ 20%	2% ~ 15%	1% ~ 5%	先对高风险、低风险进行评判，既不属于低风险，也不属于高风险的情况，评价为中
高	≥ 20%	≥ 15%	≥ 5%	满足其中一个或多个条件评价为高

注：最小阴极保护电位准则根据 GB/T 21448—2017《埋地钢质管道阴极保护技术规范》第 4.4.2 节中规定的最小阴极保护电位（管地极化电位）确定。

七、交流杂散电流腐蚀

1. 交流杂散电流腐蚀特征

交流杂散电流腐蚀特征通常表现为腐蚀部位外层为凸起的坚硬“瘤”状，内层为圆形局部腐蚀坑，去除腐蚀产物后蚀坑内壁光亮，边缘整齐。

交流杂散电流腐蚀发生的环境通常为周边存在高压交流输电线路、交流电气化铁路、高铁、交流电焊机等。

2. 交流杂散电流腐蚀发生原因

与直流杂散电流干扰相似，根据交流杂散电流干扰源类型，可以分为稳态交流杂散电流干扰和动态交流杂散电流干扰。

1）稳态交流杂散电流干扰

稳态交流杂散电流干扰最典型的是高压交流输电线路干扰。高压交流输电线路对管道的干扰机制可以分为容性耦合、阻性耦合和感性耦合三种。其中容性耦合主要发生在管道建设期，管道架空在管道沟附近并与大地绝缘，管道和输电线充当电容正极和负极，在管道上感应出交流干扰电压，对附近人员造成威胁。一旦管道埋地，容性耦合消失，高压输电线路主要通过阻性耦合和感性耦合对管道造成干扰。其中阻性耦合主要发生在输电线路故障时，输电线中的电流通过铁塔接地极入地，对周边埋地管道造成干扰。感性耦合是最常见的交流干扰方式，输电线周边形成强的交变磁场，管道在交变磁场中感应出电流，从而引发交流干扰。

2）动态交流杂散电流干扰

动态交流杂散电流干扰最典型的是高速铁路对埋地管道的干扰。高速铁路对管道交流干扰机制也分为容性耦合、阻性耦合和感性耦合。与高压输电线路干扰类似，管道建设期，由于管道存放于地面并与大地绝缘，容性耦合干扰较强，管道施工完成后，高速铁路对埋地金属管道的容性耦合干扰可以忽略不计，主要通过阻性耦合和感性耦合两种形式对埋地管道产生交流干扰。在阻性耦合的作用下，列车运行时，部分牵引电流由钢轨泄入大地，形成杂散电流，威胁管道安全运行。牵引供电系统故障情况下，强电流入地，产生的电弧会破坏管道防腐涂层甚至烧穿管壁。在感性耦合的作用下，管道与接触网近距离平行或交叉穿越时，接触网中流动的交流电流会在导线周围产生交变磁场，管道在该交变磁场作用下产生感应电压和感应电流。对于带回流线的直供方式，以及吸流变压器（BT）、自耦变压器（AT）供电方式，其回流线或正馈线周围也会产生交变磁场，此时，管道所受干扰为接触线与回流线或正馈线耦合的结果。

目前，高速铁路对埋地管道交流干扰以阻性耦合为主，还是感性耦合为主仍存在争议。有人认为因高速铁路轨道和大地之间并非完全绝缘，列车运行过程中会有部分泄漏电流进入大地，因此，在高速铁路附近的埋地管道周围聚集大量的杂散电流，高速铁路对埋地管道交流干扰以阻性耦合为主，也有人认为干扰机制以感性耦合为主。

3）交流腐蚀机理

在交流腐蚀机理方面，早期研究认为交流腐蚀是由于阳极反应的不可逆引起的，即金属在交流电正极半周发生的阳极反应在负半周内不能完全可逆，导致金属阳极极化产生的总电流和阴极极化产生的总电流不相等，产生了净阳极电流，进而引发了交流腐蚀。也有人认为交流腐蚀发生的原因是交流电流在阴/阳极反应中产生了去极化作用。后来随着交流腐蚀研究的逐渐深入，提出了“碱化机理”，认为阴极保护下管道的交流腐蚀是管道防腐层缺陷处较高的 pH 值和交流干扰引起的电位振荡共同作用的结果。该机理有两个基本的假设:(1)管道防腐层缺陷处 pH 值因阴极保护的作用大幅度升高;(2)在交流电流的作用下，管道电位在钝化区、免蚀区及强碱性腐蚀区（$HFeO_2^-$ 稳定区）之间波动。由于阴极反应［式（2–4）和式（2–5）］的作用，OH^- 会在管道防腐层缺陷处积累，从而造成局部 pH 值的升高。

$$O_2+2H_2O+4e \longrightarrow 4OH^- \quad (2\text{–}4)$$

$$2H_2O+4e \longrightarrow H_2+2OH^- \quad (2\text{–}5)$$

同时，在交流电流的作用下，管道电位发生波动。由于 Fe 的溶解反应［式（2–6）］和致密性氧化膜（Fe_2O_3）形成反应［式（2–7）和式（2–8）］时间常数的差异，引发了管道的交流腐蚀。若管道缺陷处 pH 值非常高，如接近 14，管道会因为进入布拜图中 $HFeO_2^-$ 的稳定区而遭受较高的腐蚀。

$$Fe-2e \longrightarrow Fe^{2+} \quad (2\text{–}6)$$

$$Fe^{2+}-e \longrightarrow Fe^{3+} \quad (2\text{–}7)$$

$$2Fe^{3+}+6OH^- \longrightarrow Fe_2O_3+3H_2O \quad (2\text{–}8)$$

在“碱化机理”的基础上，有人提出了“自催化机制”，认为阴极保护下埋地管道交流腐蚀的发生通常需要具备三个必要条件：交流感应电压、较小的防腐层缺陷，以及过负的阴极保护极化电位。由于交流感应电压的存在，管道防腐层缺陷处会有交流电流流经，引起管道的去极化，意味着需要增大阴极保护电流来维持管道电位恒定。增大阴极保护电流导致管道缺陷处局部土壤过碱化，降低了管道缺陷的扩散电阻 R_S。根据欧姆定律可知，相同交流干扰电压下，降低管道缺陷的 R_S 会导致缺陷处的交流电流密度增大，从而进一步增强防腐层缺陷处管道的去极化过程，进一步增大管道的阴极保护电流，进一步降低防腐层缺陷的 R_S，然后又进一步增大管道防腐层缺陷处的交流电流密度，如此周而复始，管道缺陷处的交流腐蚀逐渐发展。然而值得注意的是，这种自催化机制的重要条件是，管道阴极保护恒电位仪电位控制点附近存在防腐层缺陷，且在该位置存在交流干扰。

英国标准 CEN/TS 15280: 2006《Evaluation of A.C. Corrosion Likelihood of Burried Pipelines—Application to Cathodically Protected Pipelines》给出了一个简单的交流腐蚀机理的模型。认为管道的腐蚀与流出管道表面的电流密切相关。当阴极保护的管道遭受交流干扰时，将会有电流在管道防腐层缺陷处流入和流出。若交流干扰足够强，在交流电的正半周期，将会有电流流出管道，从而会引起管道腐蚀，并在基体表面形成一层铁的高价氧化物膜；在交流电的负半周期，将会有电流流入管道，将其还原成铁的氢氧化物（如氢氧化亚铁）。在下一个交流电正半周期内，在管道基体上又会形成类似膜层，再次经历该过程。因此，每一个交流电周期都会发生管道基体的氧化反应，管道将会遭受严重的交流腐蚀。

通过大量研究，发现无阴极保护和有阴极保护管道交流腐蚀规律有明显不同，并分别提出了无阴极保护管道和有阴极保护管道交流腐蚀机理。对于未施加阴极保护的管道，在交流电的作用下，管道 AC/DC 实时电位呈现出正弦波形。在每一个交流电周期内，有相当长的一部分时间，其 AC/DC 实时电位比其平衡电位更正，为管道的交流腐蚀提供了动力。在中碱性溶液中，管道表面未能形成钝化膜，其基体会直接遭受交流腐蚀；在强碱性溶液中，管道交流腐蚀可分为“两步”：第一步，由于交流电场的存在改变了管道电位，使其钝化膜因应力过大而破裂；第二步，交流电使得管道的 AC/DC 实时电位在每一个交流电周期内有一段时间处于其平衡电位之上，从而引发了管道交流腐蚀。

对于施加了阴极保护的管道，其交流腐蚀机理与阴极保护水平密切相关。当管道处于“欠保护”状态时，其表面未能形成一层具有保护性的氧化膜，管道基体直接暴露在交流电流之下。由于交流电流对其阴极保护极化电位的影响，管道实时电位发生波动，并在一个交流电周期内存在一个时间段，实时电位比其平衡电位更正，从而引发了管道金属本体的溶解反应。同时由于阳极反应（即铁的溶解反应）的不可逆，管道遭受交流腐蚀。随着阴极保护水平的逐渐提高，管道交流腐蚀逐渐得到抑制。但当管道阴极保护水平过高（即“过保护”）时，也会引发交流腐蚀。当管道处于“过保护”状态时，其交流腐蚀机理可分成“三步”：第一步，在阴极保护电流的作用下，管道表面局部 pH 值逐渐增大，表面逐步形成一层具有保护性的氧化膜；

第二步，由于交流电流的震荡作用，保护性氧化膜逐渐破裂；第三步，由于实时电位的波动而发生铁的溶解反应，再加上阳极反应的不可逆，导致了管道交流腐蚀的发生。

4）交流腐蚀评价

对于交流腐蚀的评价，一般可以采用腐蚀速率和交直流综合评价指标来进行评价。若采用腐蚀速率指标进行评价，一般认为腐蚀速率低于 0.03mm/a 时，交流腐蚀风险低；腐蚀速率处于 0.03 ~ 0.1mm/a 时，交流腐蚀风险为中等；腐蚀速率大于 0.1mm/a 时，交流腐蚀风险高，需要采取缓解措施。若采用交直流综合评价指标来进行评价交流腐蚀风险，可接受的水平应符合表 2–4 中指标。

表 2–4　施加阴极保护的管道杂散电流干扰程度评判指标

指标名称	评价指标
交流电流密度指标	低于 $30A/m^2$
综合评价指标	当交流电流密度处于 30 ~ $100A/m^2$ 时，则应满足：（1）$-1.15V_{CSE} \leqslant E_{IR\text{-}free} \leqslant -0.90V_{CSE}$ 或（2）直流电流密度低于 $1A/m^2$，且 $E_{IR\text{-}free} \leqslant -0.90V_{CSE}$

第二节　油气集输管道外腐蚀图集

案例 2-1

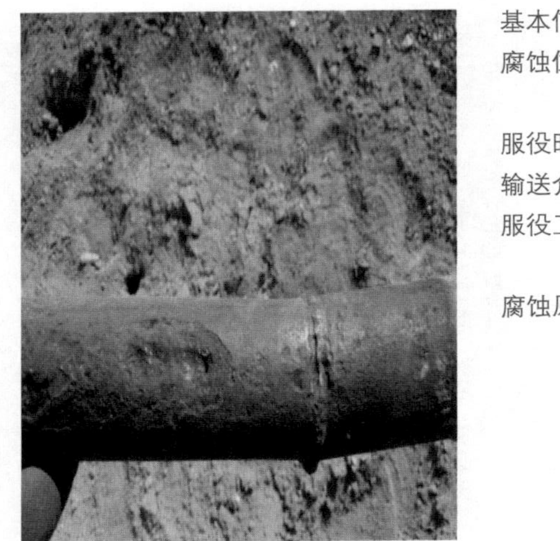

基本信息：$20^{\#}$ 钢，ϕ60mm × 4mm

腐蚀位置：周向均有腐蚀，12 点钟发生穿孔，焊缝处、直管段位置均有失效

服役时长：33 年

输送介质：油气水混输

服役工况：运行温度 37℃，运行压力 0.45MPa；沥青玻璃丝布外防腐层，无保温层；未施加阴极保护，周边无杂散电流干扰源

腐蚀原因：土壤腐蚀

案例 2-2

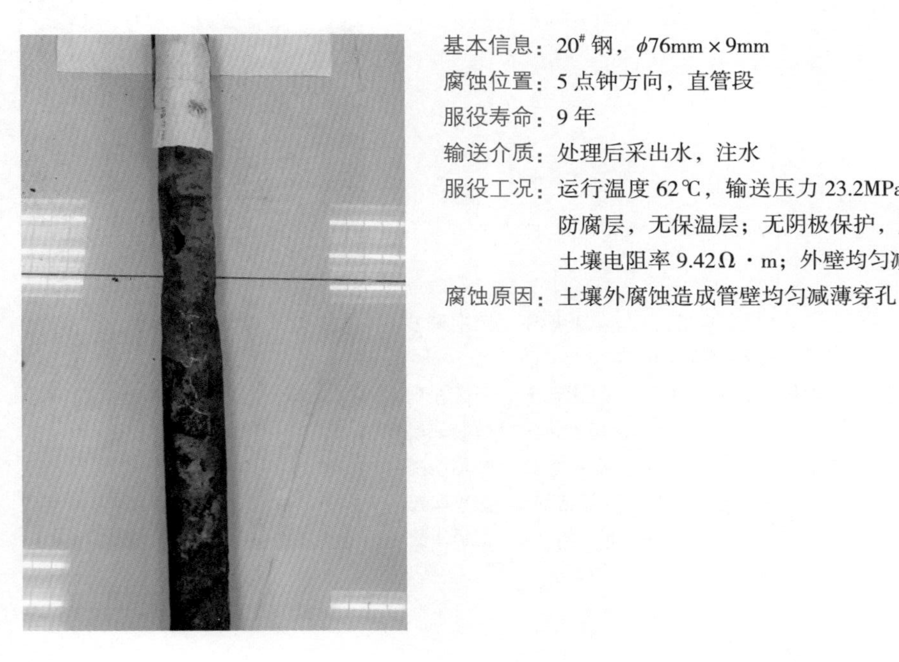

基本信息：$20^{\#}$ 钢，$\phi 76mm \times 9mm$

腐蚀位置：5 点钟方向，直管段

服役寿命：9 年

输送介质：处理后采出水，注水

服役工况：运行温度 62℃，输送压力 23.2MPa，流速 0.8m/s；沥青外防腐层，无保温层；无阴极保护，周边无杂散电流干扰源；土壤电阻率 9.42Ω · m；外壁均匀减薄，防腐层剥离

腐蚀原因：土壤外腐蚀造成管壁均匀减薄穿孔

案例 2–3

基本信息：$20^{\#}$ 钢，ϕ60mm × 5mm

腐蚀位置：3 点钟方向，直管段

服役时长：11 年 9 个月

输送介质：污水净化水

服役工况：无保温层，无外防腐层，阀池出口钢制管线，未施加阴极保护，周边无杂散电流干扰源

腐蚀原因：土壤湿度大、腐蚀性强

案例 2-4

基本信息：$20^{\#}$ 钢，ϕ159mm × 5mm

腐蚀位置：12 点钟方向，直管段位置

服役时长：12 年 4 个月

输送介质：含油污水

服役工况：漆酚硅 200 外防腐层，无保温层；未施加阴极保护，周边无杂散电流干扰源；土壤 pH 值 7.05，土壤电阻率 69.08Ω · m，土壤含水率 0.97%，含盐量 0.7282%，管道自腐蚀电位 $-0.45V_{CSE}$；管道原始壁厚 8mm，现最小剩余壁厚 5.96mm，减薄率 26%；腐蚀坑深 5.96mm

腐蚀原因：温度变化加剧外防腐层破损脱落，土壤腐蚀

案例 2–5

基本信息：L360N 钢，无缝钢管，ϕ114mm × 4.5mm

腐蚀位置：12 点钟方向，直管段

服役时长：7 年

输送介质：含水油

服役工况：五油四布外防腐层，已脱落；无阴极保护，无杂散电流干扰；受气温、介质影响，管体及防腐层处于高温、低温交变状态，很大程度影响管体钢材寿命和防腐层效果

腐蚀原因：稠油蒸汽吞吐开采，外防腐层快速老化破损，土壤腐蚀

案例 2–6

基本信息：$20^{\#}$ 钢，无缝钢管，ϕ159mm × 6mm

腐蚀位置：8 点钟方向，管体，距离焊缝约 2cm

服役时长：18 年 5 个月

输送介质：湿气

服役工况：运行压力 1.25MPa，管道埋深 0.2m；3PE 外防腐层，无保温层，无阴极保护，周边无杂散电流干扰源

腐蚀原因：外防腐层破损引起土壤腐蚀

案例 2–7

基本信息：$20^{\#}$ 钢，ϕ114mm × 5mm

腐蚀位置：5 点钟方向，直管段

服役时长：18 年 1 个月

输送介质：油气水混输

服役工况：玻璃丝布和沥青外防腐层，无保温层；无阴极保护，无杂散电流干扰

腐蚀原因：管道地处低洼易积水部位，土壤水分含量高，且投运时间长，外防腐层破损，管道发生土壤腐蚀

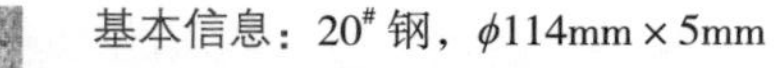

案例 2-8

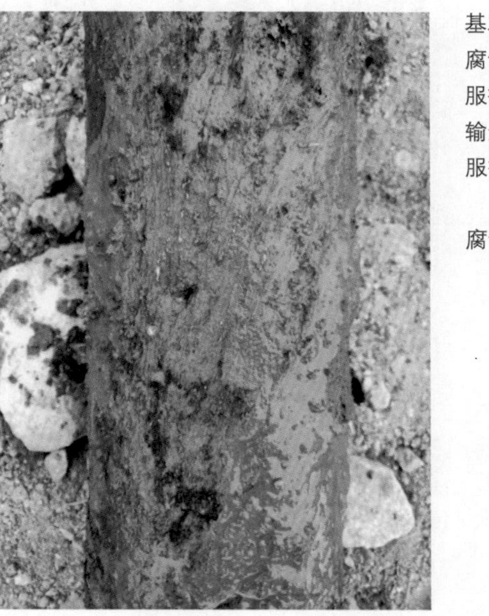

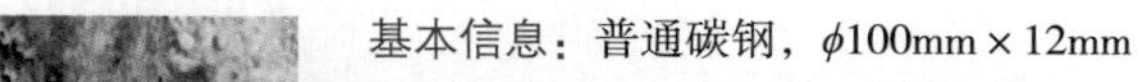

基本信息：普通碳钢，ϕ100mm × 12mm

腐蚀位置：3 点钟方向，直管段处

服役寿命：18 年

输送介质：污水

服役工况：沥青外防腐，无保温层；土壤电阻率为 56Ω · m；无阴极保护，无杂散电流干扰

腐蚀原因：管道在建设期防腐层破损，引发土壤腐蚀

案例 2–9

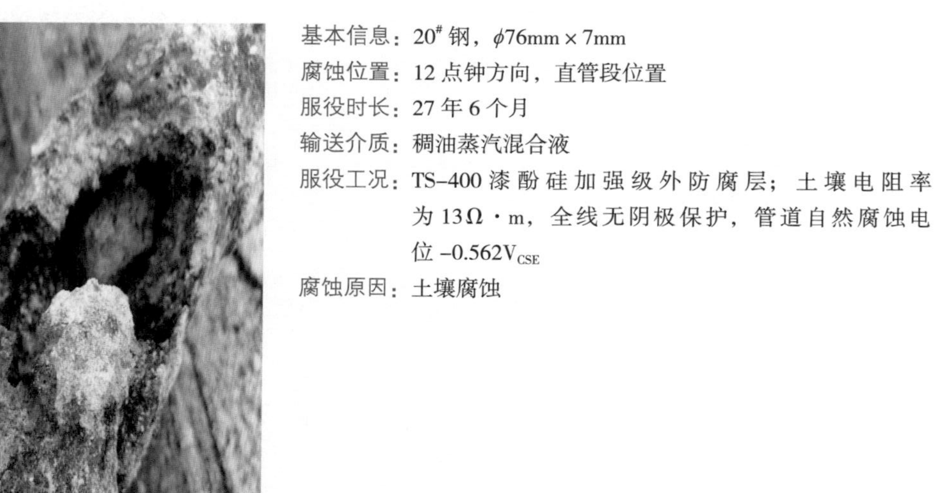

基本信息：$20^{\#}$ 钢，ϕ76mm × 7mm

腐蚀位置：12 点钟方向，直管段位置

服役时长：27 年 6 个月

输送介质：稠油蒸汽混合液

服役工况：TS–400 漆酚硅加强级外防腐层；土壤电阻率为 13Ω · m，全线无阴极保护，管道自然腐蚀电位 $-0.562V_{CSE}$

腐蚀原因：土壤腐蚀

案例 2–10

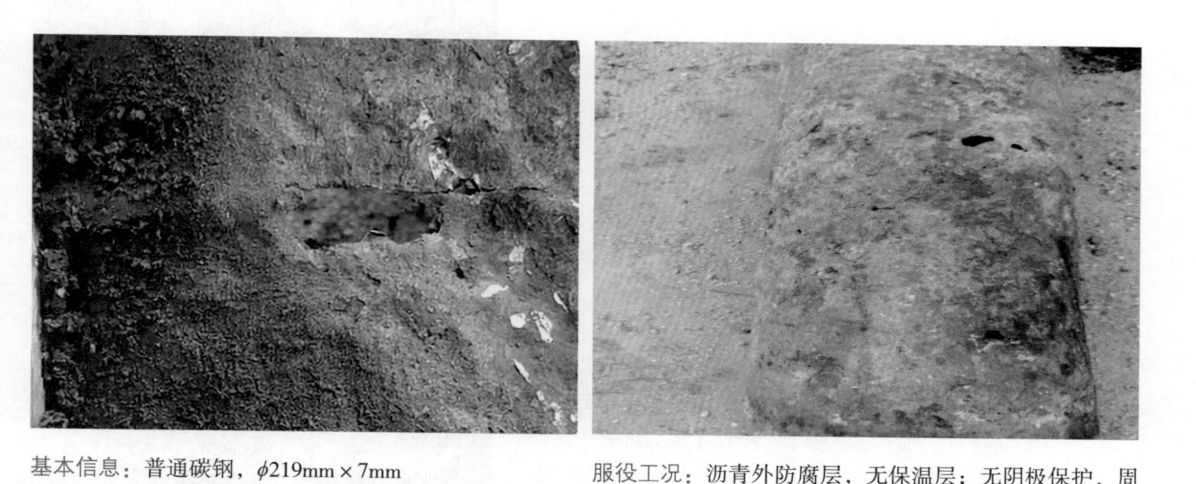

基本信息：普通碳钢，ϕ219mm × 7mm

腐蚀位置：7 点钟方向，穿越公路套管内直管段

服役寿命：22 年

输送介质：污水

服役工况：沥青外防腐层，无保温层；无阴极保护，周边无杂散电流干扰

腐蚀原因：外防腐层老化破损，套管两端密封有破损，套管内进水，引发管道外腐蚀

案例 2–11

基本信息：$20^{\#}$ 钢，ϕ76mm × 7mm

腐蚀位置：4 点钟方向，直管段位置

服役时长：12 年 9 个月

输送介质：油气水混输，蒸汽

服役工况：防腐保温结构为 TS–400 漆酚硅重防腐漆 + 复合硅酸盐瓦 + 玻璃丝布环氧树脂；运行温度 20 ~ 290℃，运行压力 0.10 ~ 10.5MPa，注采一体管道；土壤腐蚀性较强，地下水位高

腐蚀原因：保温层下腐蚀

案例 2–12

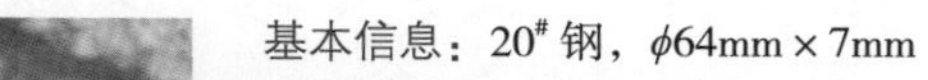

基本信息：$20^{\#}$ 钢，ϕ64mm × 7mm

腐蚀位置：6 点钟方向，弯头

服役时长：15 年

输送介质：污水净化水

服役工况：2mm 高密度聚乙烯塑料防护，带保温层；土壤电阻率为 22Ω · m，无阴极保护，无杂散电流干扰源

腐蚀原因：保温层下腐蚀

案例 2-13

基本信息：T/S-52K 钢，$\phi 273mm \times 6mm$

腐蚀位置：5 点钟方向，直管段

服役时长：29 年

输送介质：高温稠油

服役工况：氯磺化聚乙烯外防腐层，40mm 厚硬质聚氨酯泡沫塑料保温层，4mm 厚高密度聚乙烯外防护层，土壤电阻率为 22Ω·m；外加电流阴极保护，管道断电电位 $-1.1V_{CSE}$

腐蚀原因：外防护层和外防腐层均发生破损，水沿着保温层往两边渗入，发生保温层下腐蚀。由于聚乙烯夹克绝缘性高，其破损失效后对阴极保护电流的屏蔽作用，导致保温层下管体表面不能获得有效阴极保护，造成保温层下局部腐蚀穿孔

案例 2–14

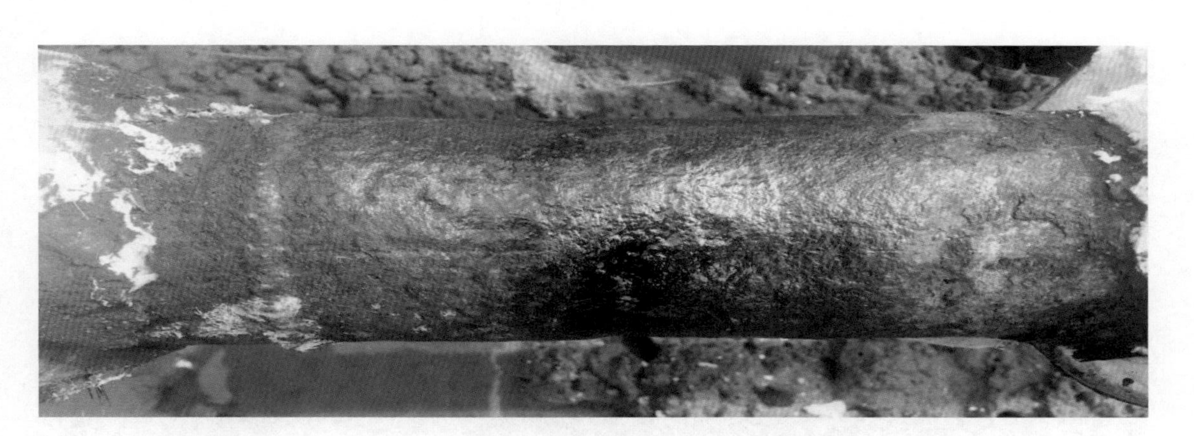

基本信息：$20^{\#}$ 钢，ϕ89mm × 4.5mm

腐蚀位置：11 点钟方向，补口位置

服役寿命：23 年

输送介质：污水

服役工况：环氧粉末外防腐层，聚氨酯泡沫塑料保温，黄夹克外防护层，未施加阴极保护，土壤电阻率 15Ω · m

腐蚀原因：直管外防腐层和外防护层补口老化破损，进水造成补口腐蚀

// 案例 2–15

基本信息：$20^{\#}$ 钢，ϕ159mm × 5mm

腐蚀位置：12 点钟方向，直管段

服役寿命：22 年

输送介质：油水混输

服役工况：硅铝酸盐保温层，环氧粉末外防腐层，无阴极保护，无杂散电流干扰；泄漏点直管段 0.5m 范围内，管体发生全面腐蚀

腐蚀原因：直管外防腐层和保温层老化破损，进水造成保温层下腐蚀

案例 2–16

基本信息：普通碳钢，ϕ76mm × 4mm

腐蚀位置：2 点钟方向，直管段

服役寿命：19 年

输送介质：污水

服役工况：防腐保温层破损，黄夹克管

腐蚀原因：外防腐保温层破损导致水进入，引发保温层下腐蚀

// 案例 2–17

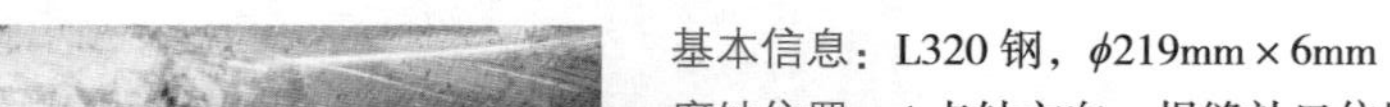

基本信息：L320 钢，ϕ219mm × 6mm

腐蚀位置：4 点钟方向，焊缝补口位置

服役寿命：20 年

输送介质：原油

服役工况：防腐层为弯头热收缩带，发泡保温

腐蚀原因：管线投产时间长，外防腐层和补口老化破损进水，焊缝周边管道材质成分不均匀，在积水位置发生焊缝腐蚀

案例 2-18

基本信息：普通碳钢

腐蚀位置：热收缩带补口位置，整个环向都有腐蚀

服役寿命：未知

输送介质：含水油

服役工况：3PE 外防腐层，发泡保温；管道外部补口位置热熔胶与管道 PE 防腐蚀层及管体黏结不良，补口处环氧底漆脱落

腐蚀原因：管道投产时间长，外防腐层和外防护层补口老化破损，进水导致腐蚀

案例 2-19

基本信息：L360 钢，ϕ426mm × 7mm

腐蚀位置：6—7 点钟方向，普通直管段

服役寿命：26 年

输送介质：原油

服役工况：环氧粉末外防腐层，硬质聚氨酯泡沫保温；无阴极保护，周边无杂散电流干扰源；最大腐蚀深度 47%

腐蚀原因：管线投产时间长，外防腐保温层老化破损进水，引发保温层下腐蚀

案例 2–20

基本信息：L360 钢，ϕ426mm × 7mm

腐蚀位置：4 点钟方向，弯头

服役寿命：10 年

输送介质：原油

服役工况：环氧粉末外防腐层，硬质聚氨酯泡沫保温；无阴极保护，周边无杂散电流干扰源；最大腐蚀深度 58%

腐蚀原因：管道服役年限较长，外防腐保温层老化局部破损，进水后造成保温层下腐蚀

案例 2-21

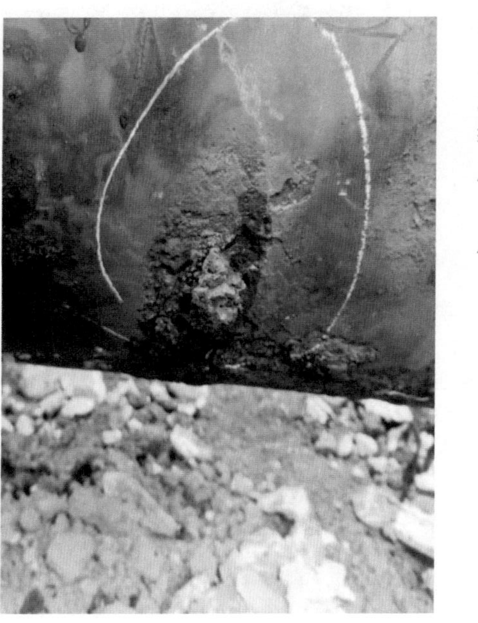

基本信息：S315 钢，ϕ377mm × 8mm

腐蚀位置：8 点钟方向，直管段

服役寿命：20 年

输送介质：原油

服役工况：沥青外防腐层，硬质聚氨酯泡沫保温；未施加阴极保护，周边无杂散电流干扰源

腐蚀原因：管道外防腐保温层老化破损进水，引发保温层下腐蚀

案例 2–22

基本信息：L360 钢，ϕ406mm × 7.9mm

腐蚀位置：3 点钟方向，焊缝位置

服役寿命：16 年

输送介质：超稠油

服役工况：运行温度 86℃ ±1℃，运行压力 2.0MPa，流量 120 ~ 180m^3/h；无机富锌防腐涂料外防腐，耐高温硬质聚氨酯泡沫黄夹克复合保温，保温层厚 60mm；腐蚀面积 20mm × 20mm，腐蚀最深处 29%；全线采用牺牲阳极阴极保护，通电电位 –1.1V_{CSE}

腐蚀原因：弯头位置为人工发泡，此处热收缩带不紧密导致水进入保温层。在高温（ 86℃ ±1℃ ）下，外防腐层老化严重发生破损，同时由于黄夹克的屏蔽作用，阴极保护不能起到作用，在焊缝位置发生焊缝腐蚀

案例 2–23

基本信息：L360 钢，ϕ406mm × 7.9mm

腐蚀位置：5 点钟方向，穿越大坝直管位置，架空管道

服役寿命：16 年

输送介质：超稠油

服役工况：运行温度 86℃ ±1℃；运行压力 2.0MPa；流量 120 ~ 180m^3/h；无机富锌防腐涂料防腐和耐高温硬质聚氨酯泡沫黄夹克复合保温，保温层厚 60mm；牺牲阳极阴极保护，通电电位 –1.1V_{CSE}；大面积腐蚀（110mm × 336mm），腐蚀最深处 57%

腐蚀原因：外防腐保温层破损进水，水沿着破损点往保温层两侧渗透。由于外防护层对阴极保护电流的屏蔽作用，在距离破损点一定距离位置，在水的作用下发生保温层下腐蚀失效

案例 2–24

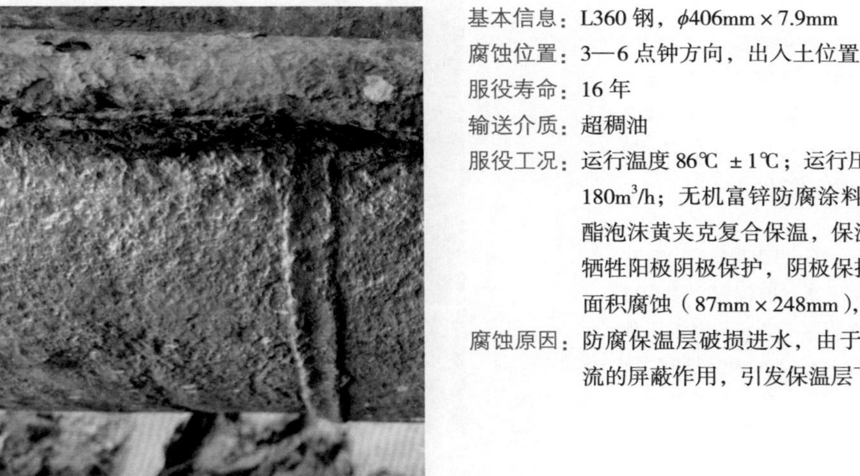

基本信息：L360 钢，ϕ406mm × 7.9mm

腐蚀位置：3—6 点钟方向，出入土位置

服役寿命：16 年

输送介质：超稠油

服役工况：运行温度 86℃ ±1℃；运行压力 2.0MPa；流量 120 ~ 180m^3/h；无机富锌防腐涂料防腐和耐高温硬质聚氨酯泡沫黄夹克复合保温，保温层厚 60mm；全线采用牺牲阳极阴极保护，阴极保护通电电位 $-1.1V_{CSE}$，大面积腐蚀（87mm × 248mm），腐蚀最深处 24%

腐蚀原因：防腐保温层破损进水，由于外防护层对阴极保护电流的屏蔽作用，引发保温层下腐蚀

案例 2–25

基本信息：20# 钢，ϕ219mm × 7mm

腐蚀位置：7 点钟方向，焊缝段

服役时长：11 年

输送介质：含水原油

服役工况：运行温度 40 ~ 45℃；运行压力 0.2 ~ 0.3MPa，输量 27t/h；S52–1 型聚氨酯防腐漆外防腐层，聚氨酯泡沫保温层，聚乙烯夹克外防护层，热收缩带补口；通电电位 –1.4 ~ –0.85V_{CSE}，土壤电阻率 2.5Ω · m

腐蚀原因：外防护层和外防腐层均发生破损，水沿着保温层往两边渗入，发生保温层下腐蚀。由于聚乙烯夹克绝缘性高，其破损失效后对阴极保护电流有屏蔽作用，保温层下管体表面不能获得有效阴极保护，造成保温层下局部腐蚀

案例 2–26

基本信息：X52 管线钢，ϕ406.4mm × 8.8mm

腐蚀位置：5 点钟方向，直管段

服役时长：13 年

输送介质：干气

服役工况：3PE 外防腐层，无保温层；土壤电阻率 0.9Ω·m，无杂散电流干扰；管道土壤环境为季节性饱和盐水盐渍土环境

腐蚀原因：外防腐层剥离后对阴极保护电流具有屏蔽效应，管体未受到保护而发生腐蚀

案例 2-27

基本信息：$20^{\#}$钢，ϕ159mm × 7mm

腐蚀位置：7 点钟方向，焊缝附近

服役时长：16 年 5 个月

输送介质：天然气

服役工况：石油沥青外防腐层，强制电流阴极保护，阴极保护电位常年不达标，无杂散电流干扰；运行压力 1.2MPa，输气量（1 ~ 3）× $10^4 m^3/d$；管道处于湿地中，土壤电阻率 15Ω · m

腐蚀原因：管道外防腐层质量差且破损严重，管道阴极保护不达标

案例 2-28

基本信息：X52 管线钢，ϕ426mm × 8mm

腐蚀位置：3 点钟方向，直管段位置

输送介质：天然气

服役时间：15 年 4 个月

服役工况：石油沥青外防腐层，无保温层，土壤电阻率为 11Ω · m；建成后第二年开始实施阴极保护，阴极保护有效率 79%；管道中间段阴极保护电位不达标，在末端与其他管线存在搭接

腐蚀原因：在管道建设过程中，管沟回填时损坏外防腐层，加上阴极保护不达标，导致管道外壁腐蚀

案例 2-29

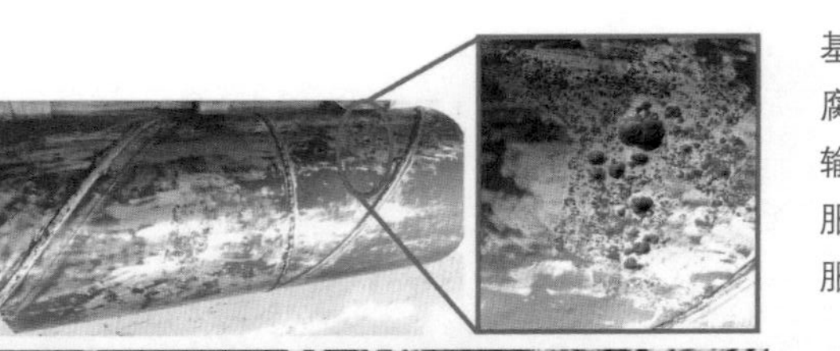

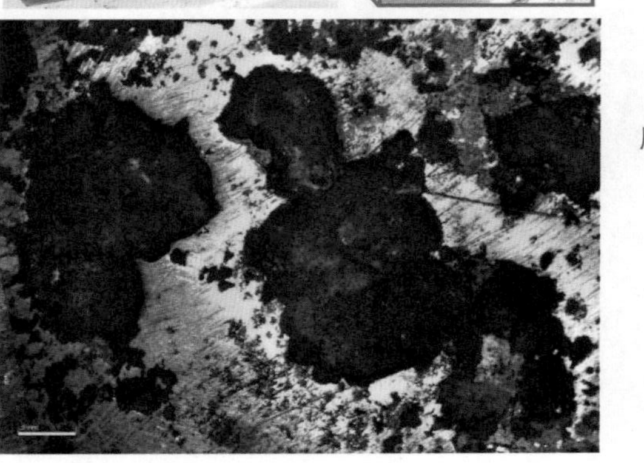

基本信息：L485M 钢，ϕ813mm × 8.8mm

腐蚀位置：4 点钟方向

输送介质：干气

服役时长：28 年

服役工况：3PE 防腐层，牺牲阳极阴极保护；施工时将牺牲阳极直接焊接于管道，后期无法通过测试桩断开阳极，导致牺牲阳极运行 28 年期间无法测量开路电位和输出电流

腐蚀原因：管道外表面防腐层破损，阴极保护不达标

案例 2–30

基本信息：Q235 钢，ϕ219mm × 6mm

腐蚀位置：7 点钟方向，直管段

服役寿命：30 年

输送介质：乙烷气

服役工况：石油沥青外防腐层，无保温，外加电流阴极保护，阴保通电电位 $-0.96V_{CSE}$

腐蚀原因：管线投产时间长，防腐层老化破损，阴极保护断电电位不达标

案例 2–31

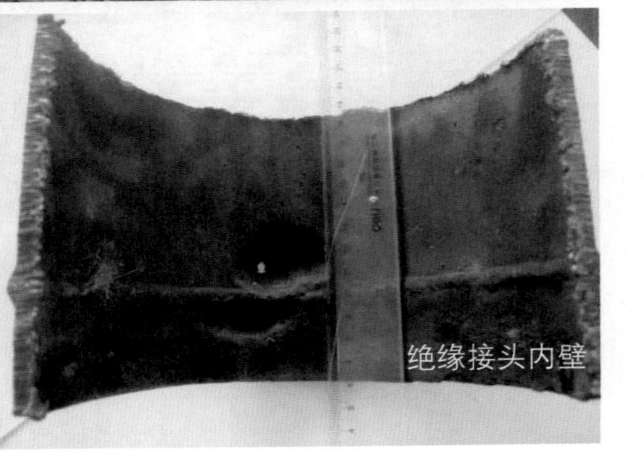

基本信息：API 5L GR.BNS 钢，ϕ159mm × 7mm

腐蚀位置：6—7 点钟方向，绝缘接头非保护侧

服役时长：1 个月

输送介质：注水

服役工况：压力在 1MPa 以内；运行温度 18 ℃；H_2S 含量达到 22755mg/m^3（15000ppm）；平均含水率为 22.1%，盐含量 199058mg/L；由输油改注水后 1 个月发生腐蚀穿孔，注水流量约 25m^3/h

腐蚀原因：干扰电流从绝缘接头无阴极保护侧的接地系统或埋地管道流入管道后，需要返回恒电位仪负极。由于绝缘接头非保护侧管道架空，电流只能通过电导率较高输送介质返回被保护管道，故而在靠近绝缘法兰非保护管道内壁处流出，发生腐蚀

// 案例 2-32

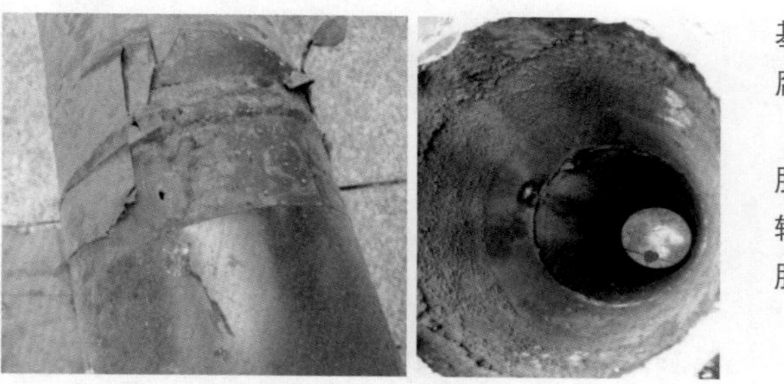

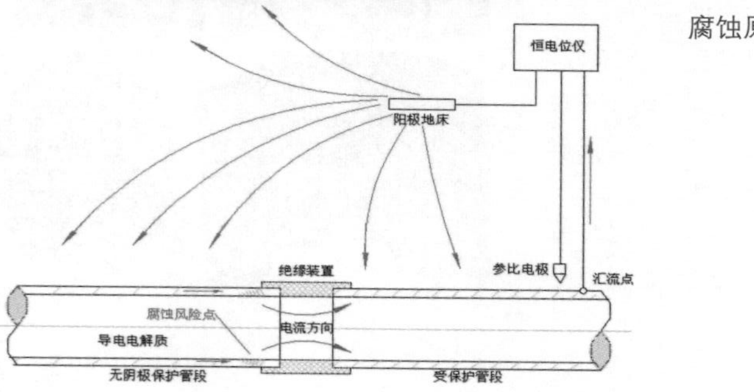

基本信息：L360QS 钢，ϕ219mm × 7.1mm

腐蚀位置：6 点钟方向，站内地面绝缘接头非保护侧管道

服役时长：1 年 1 个月

输送介质：气水混输

服役工况：无阴极保护，绝缘接头外侧是 3PE 外防腐层且采用强制电流阴极保护的管道；运行压力 6.44MPa

腐蚀原因：站内地面管道通过绝缘法兰无阴极保护侧的接地系统或埋地管道吸收阴极保护电流。由于管道架空，阴极保护电流只能通过电导率较高输送介质返回被保护管道，从而在靠近绝缘法兰非保护管道内壁处流出，发生腐蚀

案例 2–33

基本信息：$20^{\#}$ 钢，ϕ114mm × 13mm

腐蚀位置：3—6 点钟方向，绝缘接头非保护侧内套短管邻近右凸缘法兰端

服役时长：5 年 3 个月

输送介质：湿气

服役工况：运行温度 42℃；运行压力 14MPa；不含 H_2S；介质中 Cl^- 含量 4001mg/L

腐蚀原因：绝缘接头非保护侧管道从破损点处吸收保护侧管道阴极保护电流。由于绝缘接头的存在，阴极保护电流无法直接跨过绝缘接头自流回恒电位仪负极，只能从非保护侧管道内壁流出，通过水流回保护侧管道，再流回恒电位仪负极。由于电流从绝缘接头非保护侧管道内壁流出，造成非保护侧内腐蚀

案例 2-34

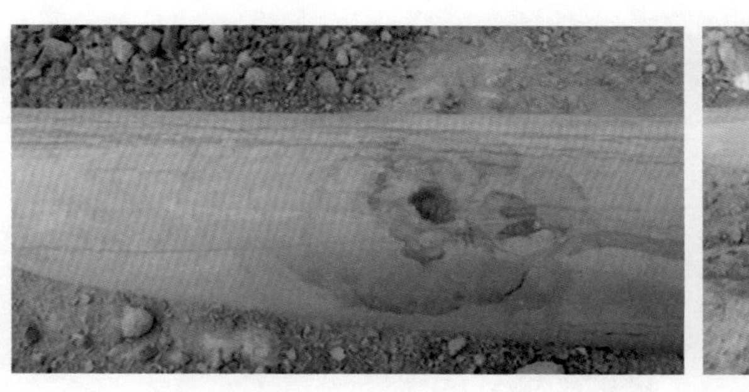

基本信息：$20^{\#}$ 钢，ϕ76mm × 4.5mm

腐蚀位置：6 点钟和 12 点钟，直管段

服役时长：1 年 2 个月

输送介质：含水油

服役工况：运行温度 3 ~ 20℃；运行压力 1.2MPa；环氧粉末外防腐，无保温层；管道遭受直流杂散电流干扰，管道干扰电位 $+53V_{CSE}$，井场电线杆接地体电位大幅度负向偏移

腐蚀原因：采油井配电箱数字化系统由于接线问题，导致配电箱漏电，漏出的电流通过采油井从管道流出，导致管道发生杂散电流腐蚀。漏出的电流从管道流出后，通过土壤和井场电线杆接地流回到供电箱负极

// 案例 2–35

基本信息：X52 管线钢，ϕ323.9mm× 6.4mm

腐蚀位置：12 点钟方向，直管段

服役时长：4 年

输送介质：成品油

服役工况：FBE 外防腐层，无保温层；遭受地铁动态直流干扰 3 年半，腐蚀坑深度 3.1mm；直流干扰电位（通电电位）波动范围 –10 ~ 12V_{CSE}，断电电位波动范围 –0.2 ~ –1.1V_{CSE}，断电电位正于 –0.85V_{CSE} 的累计时间比例超过 40%

腐蚀原因：地铁动态直流干扰引起的外腐蚀

案例 2–36

基本信息：X52 管线钢，ϕ323.9mm × 6.4mm

腐蚀位置：1 点钟方向，直管段

服役时长：4 年

输送介质：成品油

服役工况：FBE 外防腐层，无保温层；遭受地铁动态直流干扰 3 年半，腐蚀坑深度 3.5mm；直流干扰电位（通电电位）波动范围 –1 ~ 0.5V_{CSE}，断电电位波动范围 –0.7 ~ –0.85V_{CSE}，断电电位正于 –0.85V_{CSE} 的累计时间比例超过 80%

腐蚀原因：地铁动态直流干扰引起的外腐蚀

案例 2-37

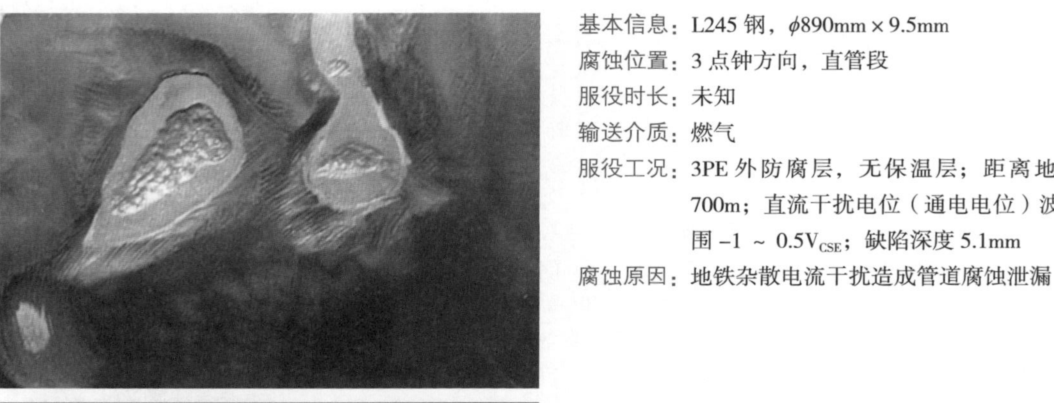

基本信息：L245 钢，ϕ890mm × 9.5mm

腐蚀位置：3 点钟方向，直管段

服役时长：未知

输送介质：燃气

服役工况：3PE 外防腐层，无保温层；距离地铁约 700m；直流干扰电位（通电电位）波动范围 −1 ~ 0.5V_{CSE}；缺陷深度 5.1mm

腐蚀原因：地铁杂散电流干扰造成管道腐蚀泄漏

案例 2–38

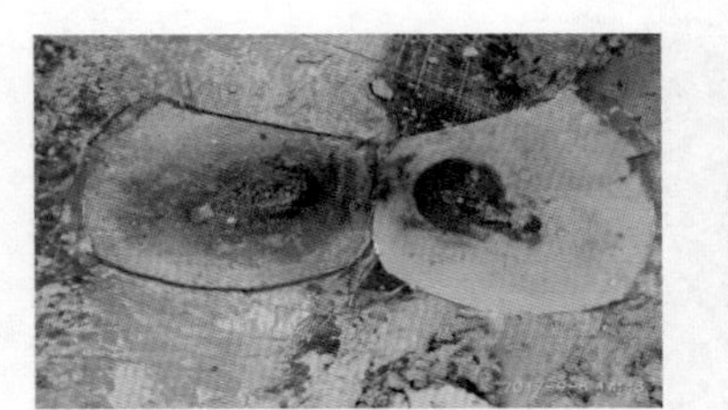

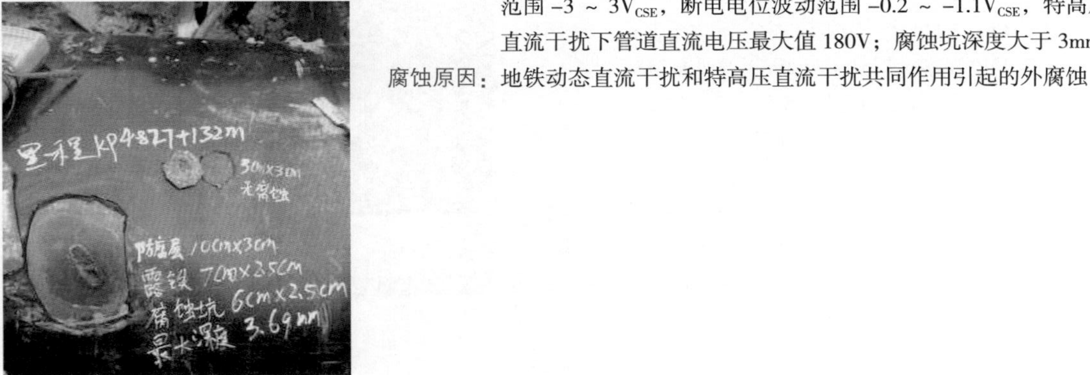

基本信息：X80 管线钢，ϕ1219mm × 27.5mm

腐蚀位置：11 点钟方向，直管段

服役时长：5 年

输送介质：成品油

服役工况：3PE 外防腐层，无保温层；土壤电阻率 90Ω · m，遭受地铁动态直流干扰和特高压直流干扰 4 年；地铁干扰下通电电位波动范围 –3 ~ 3V_{CSE}，断电电位波动范围 –0.2 ~ –1.1V_{CSE}，特高压直流干扰下管道直流电压最大值 180V；腐蚀坑深度大于 3mm

腐蚀原因：地铁动态直流干扰和特高压直流干扰共同作用引起的外腐蚀

案例 2–39

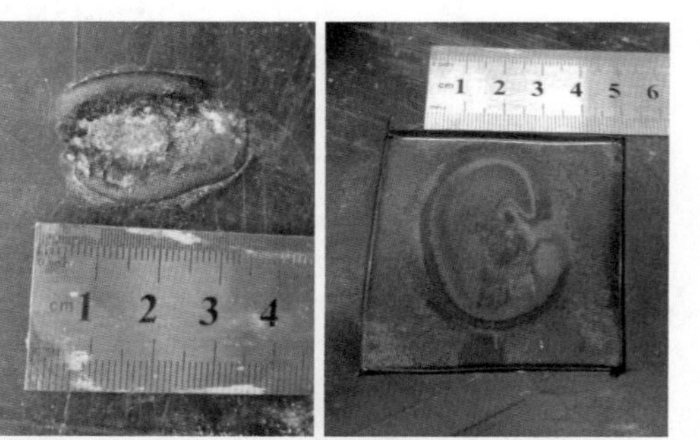

基本信息：Q235 钢，无缝钢管

腐蚀位置：12 点钟方向，直管段

服役时长：1 年 8 个月

输送介质：天然气

服役工况：3PE 外防腐层，无保温层；土壤电阻率 22Ω · m，遭受高铁动态交流干扰 1 年半；阴极保护断电电位 $-1.0V_{CSE}$，交流干扰电压最大值 12.7V，交流电流密度最大值 $128A/m^2$；腐蚀坑深度 0.5mm

腐蚀原因：动态交流干扰引起的外腐蚀

案例 2–40

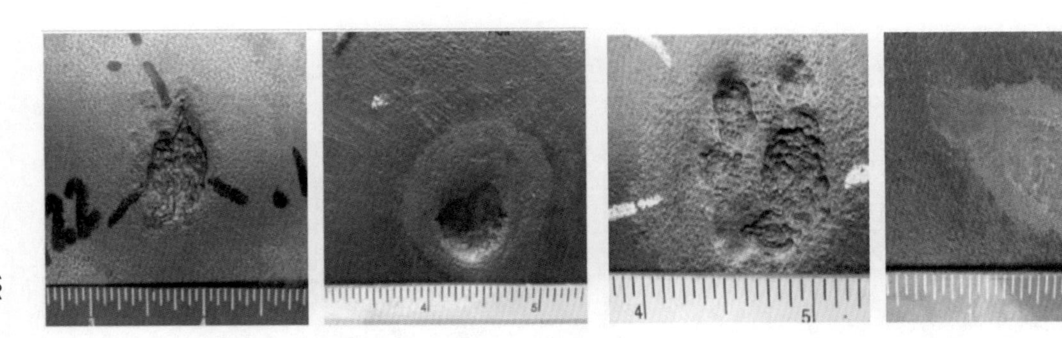

基本信息：Q235 钢，无缝钢管

腐蚀位置：12 点、3 点、5 点钟方向，直管段

服役时长：未知

输送介质：天然气

腐蚀原因：动态交流干扰引起的外腐蚀

服役工况：FBE 和石油沥青外防腐层，无保温层；土壤电阻率 0.9 ~ 3.2Ω · m，pH 值 8 ~ 10；阴极保护通电电位 $-1.2V_{CSE}$，管道交流干扰电压 0.7 ~ $1.5V_{CSE}$，交流电流密度 $160A/m^2$；管道蚀坑深度 2.87 ~ 4.55mm

案例 2-41

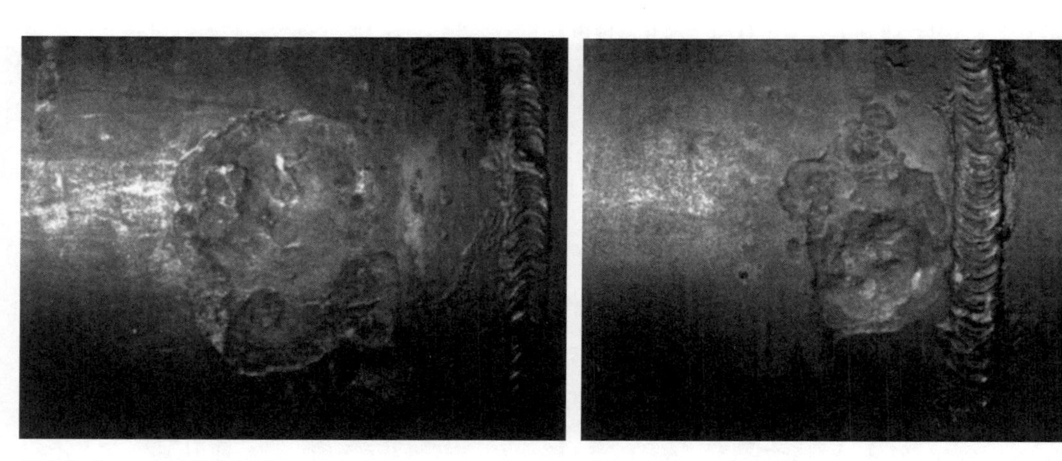

基本信息：Q235 无缝钢管

腐蚀位置：9 点钟方向，直管段环焊缝附近

服役时长：未知

输送介质：天然气

腐蚀原因：动态交流干扰引起的外腐蚀

服役工况：PE 外防腐层，无保温层；土壤为深棕色砂质黏土，土壤电阻率 1.3Ω·m，pH 值约为 8.8；管道通电电位 -1.45 ~ $-1.50V_{CSE}$，交流干扰电压 6 ~ 10V，故障时达 26V；蚀坑处氯离子含量 0.36%（3600ppm）；管道腐蚀速率约为 1.44mm/a

案例 2-42

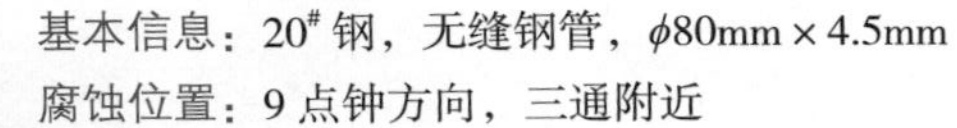

基本信息：20# 钢，无缝钢管，ϕ80mm × 4.5mm

腐蚀位置：9 点钟方向，三通附近

服役时长：未知

输送介质：天然气

服役工况：无阴极保护，防腐漆外防腐，无保温层；管地电位 $-0.27V_{CSE}$，有电流从管道稳定流出，电流约 $6A/m^2$

腐蚀原因：管道与接地网电连接，形成电偶腐蚀

// 案例 2-43

基本信息：20# 钢，无缝钢管，ϕ80mm × 4.5mm

腐蚀位置：12 点钟方向，直管段

服役时长：未知

输送介质：天然气

服役工况：无阴极保护，防腐漆外防腐层，无保温层；管道腐蚀电位 $-0.245V_{CSE}$

腐蚀原因：管道与接地网电连接，形成电偶腐蚀

案例 2–44

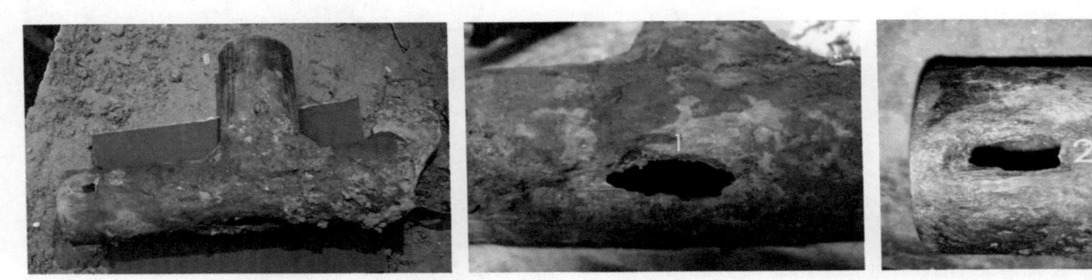

基本信息：20[#] 钢，无缝钢管，ϕ80mm × 4.5mm

腐蚀位置：12 点钟和 6 点钟方向，三通附近

服役时长：未知

输送介质：天然气

服役工况：无阴极保护，防腐漆外防腐层，无保温层；管道腐蚀电位 $-0.39V_{CSE}$

腐蚀原因：管道与接地网电连接，形成电偶腐蚀，管道受到稳态直流干扰，加速腐蚀

案例 2–45

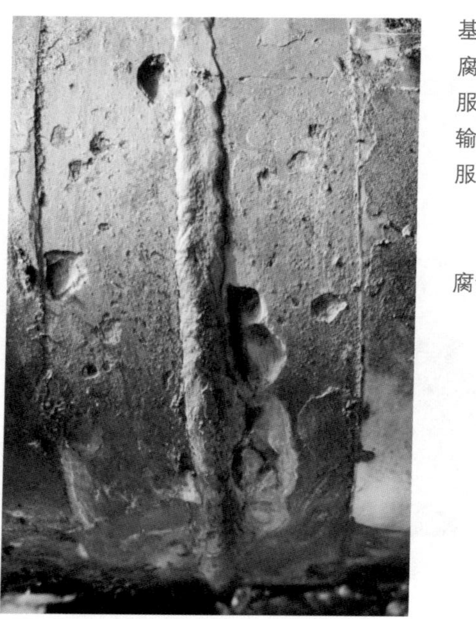

基本信息：普通碳钢

腐蚀位置：3—6 点钟方向，补口附近，靠近管道末端

服役时长：未知

输送介质：含水油

服役工况：FBE 外防腐层，聚氨酯泡沫保温；无阴极保护；土壤电阻率低；距离腐蚀位置约 1km 处管道与电气化铁路交叉；腐蚀部位朝向电气化铁路方向

腐蚀原因：在与电气化铁路交叉处，管道遭受杂散电流干扰。由于补口老化破损，杂散电流从破损处流出管道，流回电气化铁路供电所。在杂散电流的长期作用下，补口处管道发生杂散电流腐蚀

第三章 油气集输管道环境断裂

除内腐蚀、外腐蚀外，油气集输管道另一种腐蚀形式是环境断裂（EC），如应力腐蚀开裂、氢脆等。与内腐蚀和外腐蚀相比，裂纹一旦萌生，环境断裂往往迅速发生，后果更加严重，尤其是在含 H_2S 管道或存在阴极保护电位过负的管道更易发生。本章主要针对油气集输管道常见的环境断裂类型及其特征进行阐述，为油气集输管道开裂失效识别提供借鉴。

第一节 油气集输管道环境断裂理论

环境断裂是指正常的韧性材料由于环境腐蚀作用导致的脆性断裂，与腐蚀减薄和穿孔相比，环境断裂失效与特殊环境关系紧密，例如高含 H_2S、高含氯离子、阴极保护电位过负等。环境的不同导致的开裂机制也存在差异，如管道内部硫化氢引起的氢致开裂（HIC）、阶梯状开裂（SWC）、氢脆（HE），氯化物引起的应力腐蚀开裂（SCC）、硫化物引起的应力腐蚀开裂（SSC），管道外部土壤应力腐蚀开裂、管道外部阴极保护过负引起的氢脆或氢致应力开裂。

一、氯化物应力腐蚀开裂

奥氏体不锈钢更容易出现氯化物应力腐蚀开裂。氯化物应力腐蚀开裂为脆性开裂，不产生明显的塑性变形，呈脆性断口形貌。氯化物应力腐蚀开裂的显微裂纹多呈穿晶形式，以树枝状为主。裂纹基本上与所受应力的方向相垂直。氯化物应力腐蚀开裂的发生，多与环境介质中的溶解氧含量、氯离子含量、温度、局部拉应力相关。在含有氯离子的腐蚀环境中，不锈钢表面会在氯离子等的作用下，发生钝化膜破损并产生点蚀，在点蚀坑的底部易诱发裂纹的萌生。

二、硫化物应力腐蚀开裂与氢致开裂

油气集输管线硫化氢引起的环境断裂常见形式为氢致开裂（HIC）和硫化物应力腐蚀开裂（SSCC）。氢致开裂的主要特征为管道内部沿轴向不同层面的裂纹连接形成阶梯状。HIC 的形成往往不需外部应力。氢致裂纹在钢的表面也可能以氢鼓泡的形式出现。硫化物应力腐蚀开裂的主要特征为：在远低于屈服载荷的作用下发生断裂，断口平整，呈脆断状态；在碳钢和低碳合金钢断口上往往覆盖有硫化物的腐蚀产物，不锈钢表面及断口则往往无明显腐蚀痕迹。管道应力集中部位、存在机械损伤的部位、硬度较高的部位、焊缝部位等是硫化物应力腐蚀开裂易起源部位。裂纹一般无分支或少分支，多为穿晶型。硫化物应力腐蚀开裂与材料的强度和硬度具有较高的相关性，一般要求管线钢硬度低于 HRC22，焊接接头要求进行焊后热处理。

硫化物应力腐蚀开裂的产生，与输送介质中的硫化氢分压、原位 pH 值的组合区间有关，可参考 ISO 15156《石油天然气工业——油气开采中用于含 H_2S 环境的材料》等标准判断其敏感性。

硫化氢引起的氢致开裂及硫化物应力腐蚀开裂与阴极反应形成的氢原子进入钢铁材料内部有关，氢原子易在钢铁材料的非金属夹杂物、偏析和其他不连续缺陷处聚集并形成氢分子，形成巨大内压，造成氢致裂纹。

三、土壤应力腐蚀开裂

土壤应力腐蚀开裂是埋地管道外部应力腐蚀开裂的典型形式，往往由外表面的微小裂纹簇扩展造成。这些小裂纹最初是由肉眼看不见的，处于同一方向排列的许多独立小裂纹组成的裂纹丛形式存在，逐渐增长、连接形成较长裂纹。

土壤应力腐蚀开裂包括近中性 pH 值应力腐蚀开裂和高 pH 值应力腐蚀开裂。在近中性 pH 值的环境中发生的土壤应力腐蚀开裂主要为穿晶裂纹，沿裂纹壁存在腐蚀产物；在高 pH 值的环境中发生的土壤应力腐蚀开裂主要为沿晶裂纹，沿裂纹壁无二次腐蚀产物。

高 pH 值 SCC 主要以膜破裂的机理进行，往往与管道外壁所处的碳酸根离子、碳酸氢根离子有关。近中性 pH 值的 SCC 主要以溶解与氢脆交互作用的机理进行。

第二节　油气集输管道环境断裂图集

案例 3–1

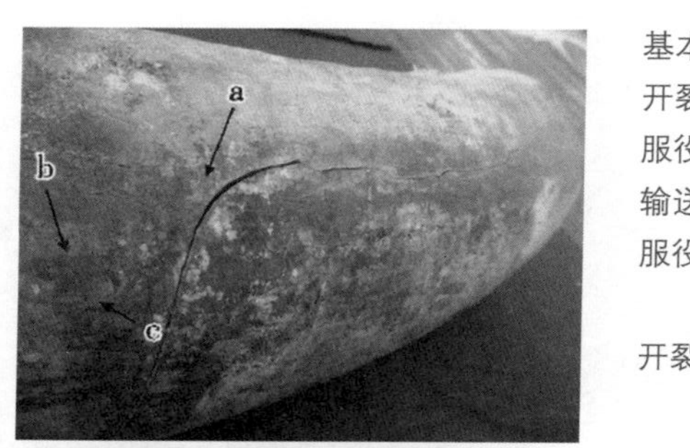

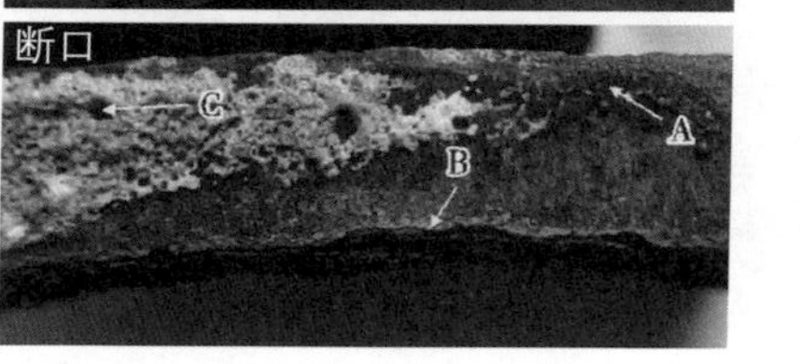

基本信息：L245NS 钢，ϕ219mm × 6mm

开裂位置：弯管

服役寿命：4 年

输送介质：含硫天然气

服役工况：运行温度 22℃；运行压力 0.5MPa；H_2S 浓度 10^5mg/m^3，CO_2 浓度 12%；含水率 0.5%

开裂原因：硫化物应力腐蚀开裂

案例 3-2

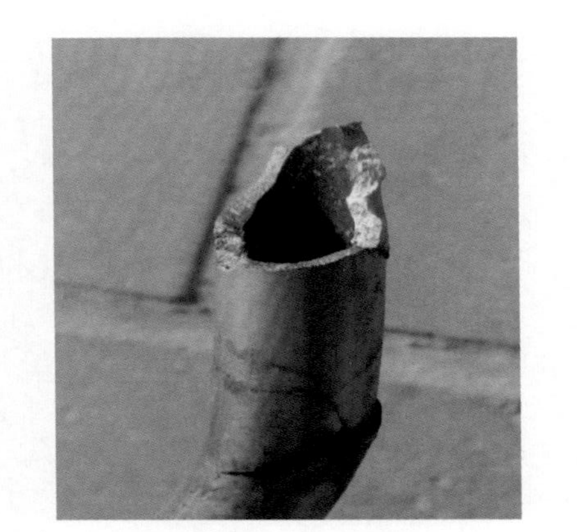

基本信息：316L 不锈钢

开裂位置：立管弯头

服役时长：3 年 1 个月

输送介质：凝析油、采出水

开裂原因：CO_2、H_2S、Cl^- 共同作用引起的应力腐蚀开裂

服役工况：运行温度 15 ~ 30℃；运行压力 6.9 ~ 8.3MPa；H_2S 含量 0.06%（摩尔分数），CO_2 含量 1.57%（摩尔分数）；介质污水矿化度含量较高，含有大量的 Cl^-，并且呈弱酸性

案例 3–3

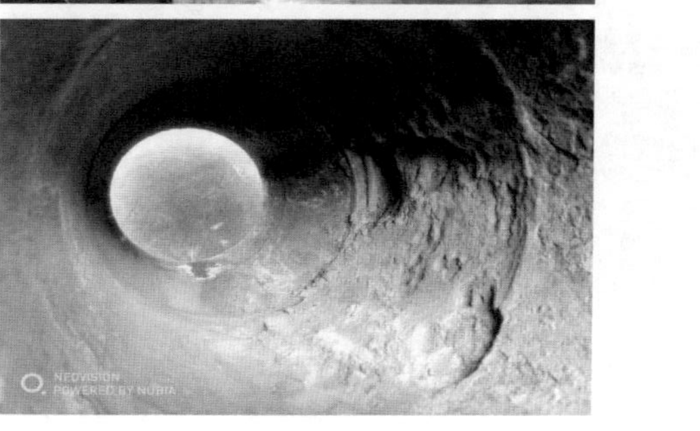

基本信息：$20^{\#}$ 钢，ϕ219mm × 14.3mm

开裂位置：5—7 点方向，绝缘接头封闭焊缝处

服役时长：3 年 3 个月

输送介质：油气混输

服役工况：运行温度 50 ~ 60℃；运行压力 10.6MPa；流速 0.96m/s；CO_2 含量大于 0.769%（摩尔分数），含少量 O_2；综合含水率 0.8%，Cl^- 含量大于 58610mg/L

开裂原因：绝缘接头内涂层失效脱落，介质中的 CO_2、Cl^- 共同作用发生局部腐蚀，并在管道内部高温高压共同作用下发生应力腐蚀开裂

案例 3-4

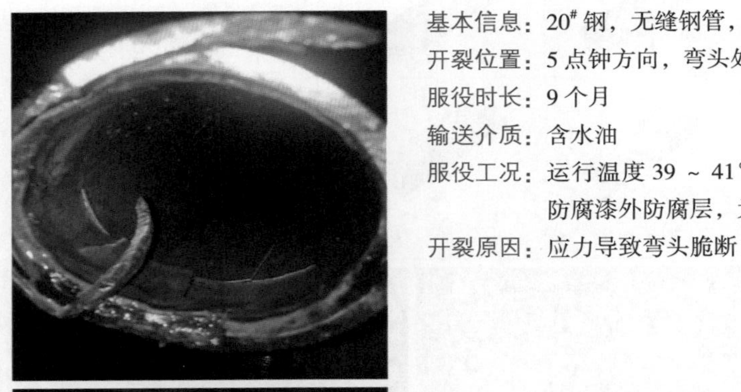

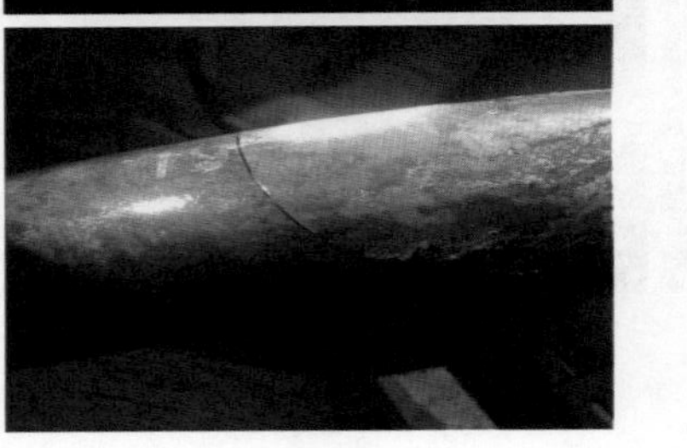

基本信息：20[#] 钢，无缝钢管，ϕ114mm × 4.5mm

开裂位置：5 点钟方向，弯头处，穿越段

服役时长：9 个月

输送介质：含水油

服役工况：运行温度 39 ~ 41℃；运行压力 1.5 ~ 1.7MPa；流速 0.5m/s；防腐漆外防腐层，无保温层，HCC 内防腐层

开裂原因：应力导致弯头脆断

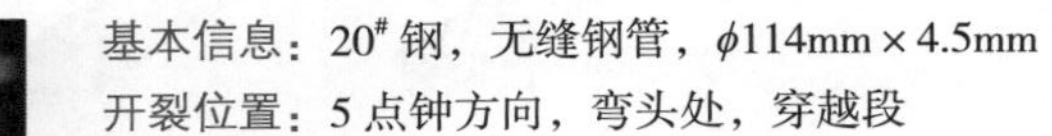

案例 3–5

位置	第一主应力	第二主应力	第三主应力
内表面			
外表面			

基本信息：L485M 钢，ϕ813mm × 8.8mm

输送介质：天然气

服役时间：7 年

服役工况：管道建设时采用机械开槽，石方回填，运行压力 2.5 ~ 3.8MPa；漏磁检测发现钢管上有 1 处 78% 外部金属损失缺陷点，与凹陷相关，后期开挖发现管道发生泄漏失效；失效管段所处地区采石场较多，山体基本为坚硬岩石，管道深 3m，附近无第三方施工及地质灾害

开裂原因：管道受到输送压力波动、外部载荷振动等多方因素导致的交变应力，导致管道疲劳失效

案例 3-6

基本信息：20$^{\#}$ 钢，ϕ219mm × 11mm

开裂位置：6 点钟方向，弯头焊缝位置

服役时长：5 年 9 个月

输送介质：油气水混输

服役工况：3PE 外防腐层，强制电流阴极保护，没有内防腐；压力 4.91MPa；输气量 $23.5\times10^4m^3/d$

开裂原因：焊缝存在未熔合，引发开裂

案例 3–7

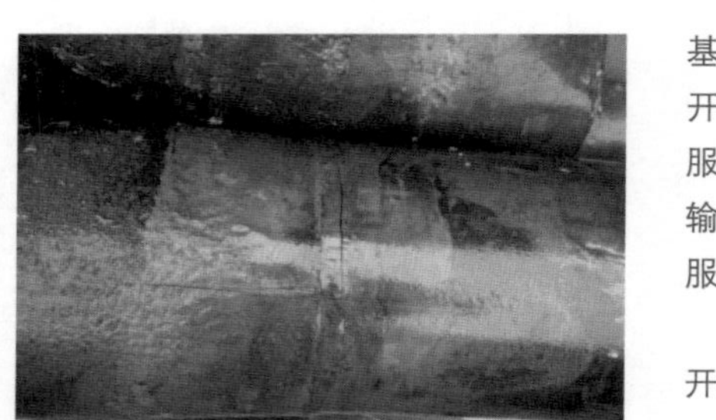

基本信息：L245NCS 钢，ϕ273mm × 10/12.5mm

开裂位置：12 点钟方向，弯头焊缝位置

服役时长：7 个月

输送介质：油气水混输

服役工况：3PE 外防腐层，强制电流阴极保护；运行压力 6.5MPa；H_2S 含量 25.3g/m^3

开裂原因：由于焊接缺陷，存在微裂纹，通球过程中压力波动，加速了裂纹扩展，出现焊缝开裂

案例 3–8

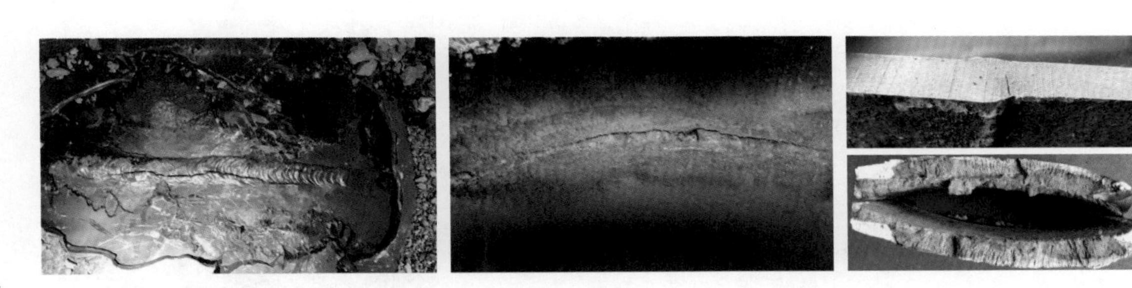

基本信息：L245 钢，ϕ457mm × 7mm

开裂位置：12 点钟方向，焊缝上

服役时长：9 年 8 个月

输送介质：天然气

服役工况：3PE 外防腐层，强制电流阴极保护，没有内防腐；压力 1.3MPa；输气量 $150 \times 10^4 m^3/d$

开裂原因：管道内壁有约 1/5 圆周焊接质量差，有焊瘤、孔洞、局部未焊满，导致应力集中。地质沉降，加速了裂纹扩展，在一侧热影响区处发生开裂

案例 3-9

基本信息：$20^{\#}$ 钢，ϕ325mm × 6mm

开裂位置：1 点钟方向，环焊缝位置

服役时长：24 年 6 个月

输送介质：天然气

服役工况：石油沥青外防腐层，强制电流阴极保护，无内防腐；运行压力 2.0MPa，输气量 $110 \times 10^4 m^3/d$

开裂原因：泄漏点管道为斜向下坡后 9° 转角上弯后随地形敷设，转角处未使用弯管，直接采用斜接焊口连接，焊接处存在应力集中，且顶部焊缝根部未焊透，加之外界土壤应力，造成焊缝开裂

案例 3–10

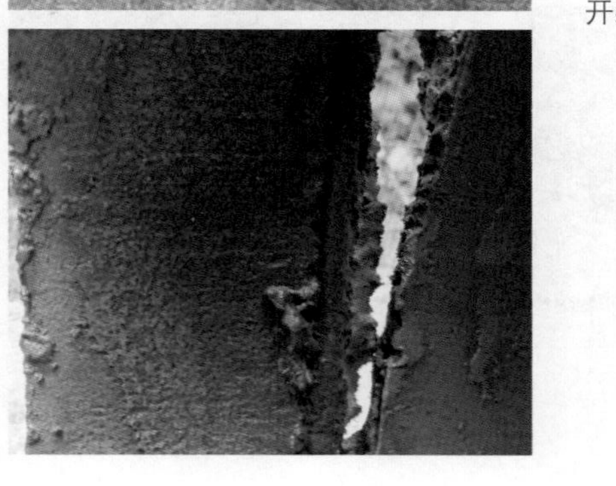

基本信息：$20^{\#}$ 钢，ϕ325mm × 10mm

开裂位置：1 点钟方向，环焊缝位置

服役时长：37 年 10 个月

输送介质：湿气

服役工况：三油三布石油沥青外防腐层，强制电流阴极保护；没有内防腐；运行压力 3.0MPa；输量 $210\times10^{4}m^{3}/h$；含硫量小于 $6mg/m^{3}$

开裂原因：管道焊口开裂导致其失效泄漏。开裂焊口为弯头与直管相连处，采用补伤片防腐，检查焊口发现有明显的焊缝外观不合格、未焊透现象，且钢条（长约 10cm）作为填充料进行堆焊，造成焊口焊接质量欠佳，引起焊缝优先腐蚀，在应力的作用下，造成焊缝开裂

案例 3–11

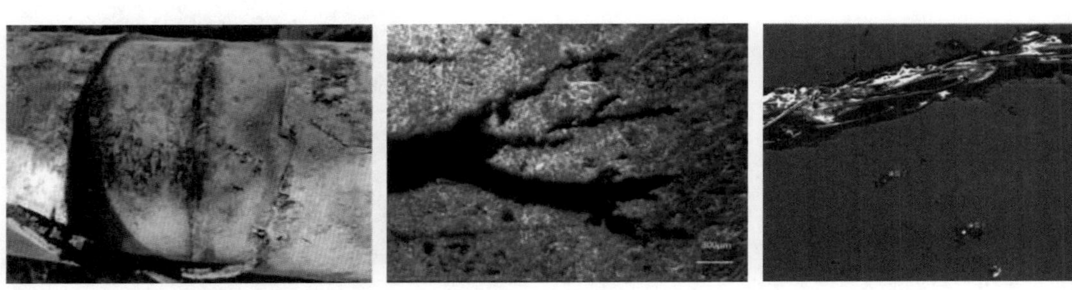

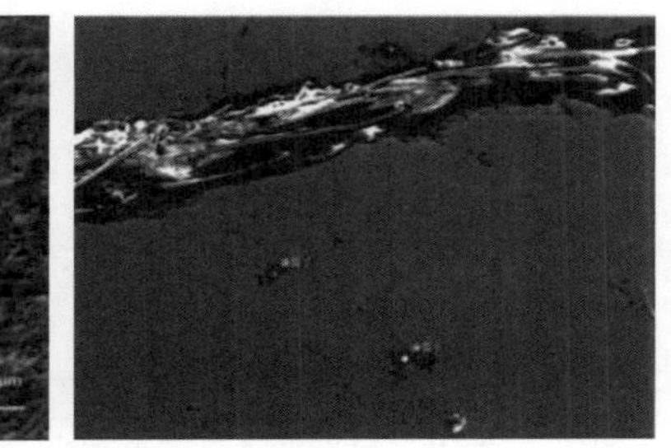

基本信息：L360N PSL2 钢，无缝钢管，ϕ168.3mm × 6.3mm

开裂位置：焊缝

输送介质：湿气

服役时长：7 个月

服役工况：泄漏点位于焊缝处，表现为环向裂纹；管道内壁没有明显的腐蚀形貌；焊缝微观组织及裂纹形貌显示，裂纹尖端和主裂纹旁边的基体中都存在大量不规则夹杂物，可能为焊接过程中的焊渣

开裂原因：焊接缝处力学性能不达标，导致开裂

// 案例 3–12

基本信息：L245 钢，螺旋焊缝钢管，ϕ457mm × 11.9mm

开裂位置：焊缝

输送介质：天然气

服役时长：9 年 8 个月

服役工况：3PE 外防腐层，强制电流阴极保护；运行压力 1.3MPa；输量 $150 \times 10^4 m^3/d$

开裂原因：管道焊接接头施工质量较差，存在未焊满、错位、孔洞、焊瘤等缺陷，在土壤外力作用下发生开裂

参考文献

[1] 路民旭，张雷，杜艳霞．油气工业的腐蚀与控制 [M]. 北京：化学工业出版社，2015.

[2] Medvedeva M L, Guryanov V V. On the corrosion state of plants for purifying natural gas from acid components[J]. Protection of Metals, 2002, 38(3): 284–288.

[3] Smith S N. Kinetic of corrosion mechanisms due to H_2S in oil and gas production environments[C]. NACE International, paper No. 5485, 2015.

[4] Cheng X, Ma H, Zhang J, et al. Corrosion of iron in acid solutions with hydrogen sulfide[J]. Corrosion, 1998, 54(5): 369–376.

[5] Xue F, Wei X, Dong J H, et al. Effect of residual dissolved oxygen on the corrosion behavior of low carbon steel in 0.1M $NaHCO_3$ solution[J]. Journal of Materials Science & Technology, 2018, 34(8): 93–102.

[6] 贾巧燕，王贝，王赟，等．X65 管线钢在油水两相界面处的 CO_2 腐蚀行为研究 [J]. 中国腐蚀与防护学报，2020，40（3）：230–236.

[7] 寇杰，梁法春，陈婧．油气管道腐蚀与防护 [M]. 北京：中国石化出版社，2008.

[8] 庞琳．油气田碳钢管线的垢下腐蚀机理与防护对策研究 [D]. 北京：中国科学技术大学，2021.

[9] Zhang L, Wen Z B, Li X Y , et al. Effects of depositing characteristic

and temperature on elemental sulfur corrosion[C]. NACE International, paper No. 11121, 2011.

[10] Kermani M B, Smith L M. 油气田中的 CO_2 腐蚀控制——设计考虑因素 [M]. 王西平，等，译 . 北京：石油工业出版社，2002.

[11] 唐德志 . 交流电流对埋地管道阴极保护系统的影响规律及作用机制研究 [D]. 北京：北京科技大学，2016.

[12] 张爱良，唐德志，张维智，等 . 国内典型油气田钢质管道失效管理现状分析 [J]. 石油规划设计，2020，31（5）：49–54.

[13] 李振军 . 高压 / 特高压直流输电系统对埋地钢质管道干扰的现场测试与分析 [J]. 腐蚀与防护，2017，38（2）：142–150.

[14] 李夏喜，王宁，王庆余，等 . 某高频泄漏燃气管道现场试验及泄漏原因分析 [J]. 腐蚀科学与防护技术，2019，31（6）：699–702.

[15] 孟庆思 . 地铁动态杂散电流腐蚀机理及检测方法研究 [D]. 北京：北京科技大学，2015.

[16] Du YX, Liang Y, Tang D Z, et al. Discussion on AC corrosion rate assessment and mechanism for cathodically protected pipelines[J]. Corrosion, 2017, 77 (6): 600–617.

[17] Du Y X, Qin H M，Liu J，et al. Research on corrosion rate assessment of buried pipelines under dynamic metro stray current[J]. Materials and Corrosion, 2021,72: 1038–1050.

[18] Du Y X, Qin H M, Tang D Z, et al. Research on parameter fluctuation characteristics and effects on corrosion rates under dynamic DC stray current from metro system[C]. NACE International, paper No. 13203, 2019.

[19] GB/T 21448—2017《埋地钢质管道阴极保护技术规程》.

[20] GB/T 40377—2021《金属和合金的腐蚀 交流腐蚀的测定防护准则》.

[21] SY/T 0087.6—2021《钢质管道及储罐腐蚀评价标准 第 6 部分：埋地钢质管道交流干扰腐蚀评价》.

[22] DG/TJ 08-2302—2019《埋地钢质燃气管道杂散电流干扰评定与防护标准》.

[23] DD CEN/TS 15280—2006《Evaluation of a.c. Corrosion Likelihood of Buried Pipelines-Application to Cathodically Protected Pipeline》.

[24] 杨文秀，范益，蔡佳兴，等 . 石化设备常见的应力腐蚀开裂原因及防护措施 [J]. 石油化工腐蚀与防护，2021，38（6）：38-42.

[25] 杨宏泉，段永锋 . 奥氏体不锈钢的氯化物应力腐蚀开裂研究进展 [J]. 全面腐蚀控制，2017，31（1）：13-19.

[26] 宋洋，赵国仙，王映超，等 . Q245R 钢抗 H_2S 应力腐蚀开裂分析 [J]. 焊管，2021，44（5）：38-43.

[27] 安维峥，姚星城，胡丽华，等 . 深海油气设施用 22Cr 双相不锈钢的氢致应力开裂敏感性 [J]. 腐蚀与防护，2021，42（7）：14-19.

[28] 沈红杰 . 湿硫化氢环境 20 号钢高匹配焊接接头开裂分析 [J]. 石油化工设备技术，2021，42（6）：53-56.

[29] 赵军 . 湿硫化氢环境下小浮头螺栓失效原因分析 [J]. 石油化工技术与经济，2021，37（3）：54-57.

[30] Mousavi Anijdan S H, Arab G, Sabzi M, et al. Sensitivity to hydrogen induced cracking, and corrosion performance of an API X65 pipeline steel in H_2S containing environment: influence of heat treatment and its subsequent microstructural changes[J]. Journal of Materials Research and Technology, 2021, 15: 1-16.

[31] Silva S C, Silva A B, Ponciano Gomes J A C. Hydrogen embrittlement of API 5L X65 pipeline steel in CO_2 containing low H_2S concentration environment[J]. Engineering Failure Analysis, 2021, 120: 105081.

[32] Wan H, Song D, Cai Y, et al. The AC corrosion and SCC mechanism of X80 pipeline steel in near–neutral pH solution[J]. Engineering Failure Analysis, 2020, 118: 104904.

[33] Ryakhovskikh I V, Bogdanov R I, Ignatenko V E. Intergranular stress corrosion cracking of steel gas pipelines in weak alkaline soil electrolytes[J]. Engineering Failure Analysis, 2018, 94: 87–95.